U0607302

LISHI JIANZHU CEHUI

历史建筑测绘

主 编　吴　涛　王雨晴

参　编　丁海燕　马玉琳

　　　　王　琼　范　莉

重庆大学出版社

内容提要

本书为"高等教育建筑类专业系列教材"之一。全书共 11 章,主要内容包括绪论、测量基本知识及应用、测绘前的准备、历史建筑的草图绘制、单体建筑测量、总平面测绘、历史建筑测量中的误差、计算机辅助制图、测绘报告、历史建筑的价值与年代鉴定基础等。此外,为了丰富教材的内容,完善历史建筑测绘的成果等方面内容的要求,方便历史建筑的相关名词和构件的查找,在本教材的最后还附上了大量附录资料。

图书在版编目(CIP)数据

历史建筑测绘/吴涛,王雨晴主编.—重庆:重

庆大学出版社,2017.1(2021.7 重印)

高等教育建筑类专业系列教材

ISBN 978-7-5689-0155-0

Ⅰ.①历… Ⅱ.①吴…②王… Ⅲ.①历史建筑—建筑

测量—中国—高等学校—教材 Ⅳ.①TU198②TU-092.2

中国版本图书馆 CIP 数据核字(2016)第 229976 号

高等教育建筑类专业系列教材

历史建筑测绘

主 编 吴 涛 王雨晴

责任编辑:王 婷 钟祖才 版式设计:王 婷
责任校对:邬小梅 责任印制:赵 晟

*

重庆大学出版社出版发行

出版人:饶帮华

社址:重庆市沙坪坝区大学城西路 21 号

邮编:401331

电话:(023)88617190 88617185(中小学)

传真:(023)88617186 88617166

网址:http://www.cqup.com.cn

邮箱:fxk@ cqup.com.cn(营销中心)

全国新华书店经销

重庆俊蒲印务有限公司印刷

*

开本:787mm×1092mm 1/16 印张:8.5 字数:207 千

2017 年 1 月第 1 版 2021 年 7 月第 3 次印刷

印数:3 001—6 000

ISBN 978-7-5689-0155-0 定价:29.00 元

前　言

　　我国有着悠久的历史文化和传统,其中建筑更是有着独特的风格和技艺,在世界文明历史长河中自成一派,很多建筑物就算是今日看来也让人不禁叹为观止。长久以来,世界上对中国古建筑的研究都不曾停止过,要学习和研究中国历史建筑,对其进行测绘就必定是不可或缺的部分,也是各项研究开始之前的基础。

　　历史建筑测绘是对历史建筑(群)进行全面、真实、深度的调查记录,是保护、发掘、整理和利用建筑遗产的基础环节,同时又为建筑历史与理论研究、建筑史教学提供翔实的基础资料,为继承发扬传统建筑文化、探索有中国特色的现代建筑创作提供借鉴。

　　很多高校都设立建筑学专业,对中国历史建筑的学习都是其中一项必修课程,是建筑学教学的重要环节,尤其中国历史建筑更是有自成一派的风格和体系,更加值得学习和研究,但关于历史建筑测绘的相关教材较少。本教材是特别针对应用型大学的建筑学专业所专门编制的,内容较其他教材更加简洁,其中测绘的方法性和操作性更强,更易被学生所理解,进而更加容易运用到实践中去。

　　《历史建筑测绘》一书,是高校教材编写组教师团队在担任历史建筑测绘教学实践和社会实践的整理总结。本教材基于已有相关书籍的经验和成果,总结教学过程中的经验和方法,按照理论讲解—工具认识—方法传授—实际操作—绘制图纸—得出成果的测绘过程,确定本书内容顺序,侧重工具的使用和实践操作,强调测绘的具体过程,从而使之更加适用于应用型大学的教学特点和环节,让使用者更加直接地理解历史建筑测绘的方法,掌握其操作方式,以便与实践有更高的契合度。书中系统全面而具体地叙述了历史建筑测绘的所有必备环节、程序、方法和内容,是一本历史建筑测绘工作的指导书。本书采用图文对照的方式,书中还包含历史建筑的价值和年代鉴定这个如何认识历史建筑的重要历史学术问题,也是对于历史建筑认识的深化和提高,它们也都是宝贵的历史建筑资料,可供建筑历史研究和文物保存工作参考。

除了高校课程以外,在对传统建筑的保护工作方面,当前的保护工作普遍存在前期调查与测绘深度不够、记录建筑信息不够完整等问题,亟待一套规范的测绘标准来保证测绘成果的有效价值。本教材的编写参照了住建部和国家文物局关于历史建筑测绘相关规范的要求,对测绘工作的内容、深度、成果规范化等作出明确要求,保证测绘成果的真实、有效。

本教材是多人努力的成果,主要编写成员包括:吴涛、王雨晴、马玉琳、王琼、范莉、丁海燕等老师,同时要感谢重庆大学城市科技学院建筑学院各位老师对教材的内容、教学要求等方面的建议和完善。

本书由王雨晴老师主编并统稿,负责第4、6、9章;

吴涛教授主编,并负责第1、10章;

王琼老师负责第5、8章;

马玉琳老师副主编,并负责第2章;

丁海燕老师负责第3章;

范莉老师负责第7章。

感谢重庆大学城市科技学院建筑学院吴腾跃、张智奕、彭思嘉等同学在插图绘制和资料整理方面的贡献。

编　者

2016 年 8 月

目　录

1

绪　论

1.1　引　入

　　什么是"建筑"？从历史的角度出发,可以这么理解:建筑是人造的人类生活空间;建筑是为保障人类生息、躲避灾害之用而创造的空间;建筑是为满足人类物质生活与精神生活需要而创造的空间;建筑包括内部空间与外部空间,但外部空间不都是建筑,或为构筑物。

　　历史建筑,是指具有一定历史、科学和艺术价值,反映城市历史风貌和地方特色的建(构)筑物。建筑是凝固的历史,它们承载着历史的变迁,见证和经历了人类大事件,从建筑中我们可以读到人类社会的昨天。历史建筑根据评估其文物价值的大小由各级政府核定公布为国家、省市及县级文物保护单位。

　　历史建筑由古代建筑、近代建筑和现代建筑构成。根据第三次全国文物普查工作开展的考古学对中国通史新的断代,中国古代建筑史始于公元前200万~300万年,到公元1840年止,其中又可分为原始社会的建筑、奴隶社会的建筑和封建社会的建筑。近代建筑史为1840—1949年,这个时期的中国建筑处于承上启下、中西交汇、新旧接替的过渡时期,这是中国建筑发展史上一个急剧变化的阶段。现代建筑史为1949—1980年,在此期间中国现代建筑经历了一条曲折而坎坷的路,以其独有的特征,形成了它与国际现代建筑运动的特定关系。

　　我国是历史悠久的文明古国,在漫长的岁月中,中华民族创造了门类丰富、底蕴深厚、风格独具、弥足珍贵的历史建筑。这些各个时代的历史建筑是我国重要的文化遗产,它们蕴含着中华民族特有的精神价值、思维方式、想象力,传递了丰富的历史信息,体现着中华民族的生命力和创造力,是各民族智慧的结晶,也是全人类文明的瑰宝。保护建筑文化遗产,保持民族文化的传承,是连结民族情感、增进民族团结和维护国家统一及社会稳定的重要文化基础,也是维护世界文化多样性和创造性,促进人类共同发展的前提。加强历史建筑的保护与利用,是建设社会主义先进文化,贯彻落实科学发展观和构建社会主义和谐社会的必然要求。

因此,开展历史建筑现状测绘成为建筑遗产保护利用的主要基础工作,是历史建筑保护设计、规划编制和科学研究的重要组成内容,也为研究建筑文脉延续和地域特色提供珍贵资料。

1.2　历史建筑测绘的概念、类型和范围

建筑测绘是建筑学专业的一门必修的课程,而建筑测绘最合适的对象是历史建筑。因为历史建筑是国家和民族的文化遗产,它们历经长久岁月的沧桑,遭受了自然和人为的破坏,急待保护,而准确的测绘图样(包括文字说明)是历史建筑保护工作的基础。同时,历史建筑又是国家和民族的历史传统,向历史学习,向传统学习,从历史传统中吸取具有现代价值的经验,是今天建筑创作的重要课题。况且历史建筑对于今天的人们来说是陌生的、难懂的,浮光掠影式的观览并不能真正认识历史建筑,只有通过实物测绘来认识它们才是踏实有效的学习途径。

历史建筑测绘既是一种手脑并用的专业实践活动,也是一个学习和研究的过程及成果。通过历史建筑测绘,会给予人们以文化熏陶和增加传统艺术的感染力。人们对于一切事物的认识,皆由感性开始,由现象入手,进而上升至理性,由表及里、由此及彼。大凡从事各种专业技术的人员,均会向历史获取知识的源泉,向先辈赐求通向智慧之门的钥匙,传承才能升华、传承才能创新、传承才能发展。

建筑专业调研考察历史建筑无疑是充实自我、提高自我必不可少的经历和途径。虽然通过历史建筑摄影或素描(速写),所获得的对于建筑对象的认识能够表达空间和形象,但不能准确地表示建筑对象的尺度、比例及内部的结构、构造关系,对于建筑对象的认识仅仅停留在初步定性的基础上,不能达到准确定量和定量的要求,如建筑保存、修缮、复原的依据。

所以,除摄像和素描的方法,还应该提倡测绘的方法,通过对实物近距离的一笔一画的绘图、一尺一寸的测量及入微的观察,才能获得对于建筑对象的准确的认识,并且成为科学的档案。

1.2.1　历史建筑测绘的概念

中国历史上的营造活动可以追溯到七千多年前的新石器时代。从那个时候起,中国古代人民就在漫长的岁月中创造了数不清的建筑工程和建筑物。虽然由于建筑物在使用过程中的自然损耗,加上战乱兵燹、火灾等人为因素和地震、洪水等自然灾害以及风雨侵蚀、虫蚁繁殖之类持久的自然破坏力的作用,绝大多数的古代建筑早已湮没无存,但是能够留存到今天的仍然是数以万计。尽管它们都有不同程度的损毁,但是依然仁立在中国的广阔地域上,使今天的我辈有幸目睹古人营造事业的卓然成果,从而可以推想历史的面貌与精神。

这些过去的营造活动留下来的成果在今天都可以被称为建筑遗产,它是人类文化遗产中很重要的一个类型,也是所占比重很大并装载有多样文化遗产(如雕刻、绘画、手工艺品、典籍

等)的一个类型。这些建筑遗产不仅属于我们这一代人,也属于我们的子子孙孙,它们是伟大民族的财产。我们这一代人的责任就是保护它们,维持它们健康的状态并传给后代。

建筑遗产的保护,其工作内容包括两个基本的方面:一是日常性的、长期的保养和维护,以保持健康的状态;二是经常性的、定期的维修、加固,以消除各种破坏因素及破坏结果。无论是日常的维护还是定期的修缮,都需要有科学记录档案作为基础。在我们国家,有科学记录档案是建筑遗产保护管理工作的基本要求之一。有了科学记录档案这个最基本、最可靠的依据,保护工作才能科学、有效地进行。

一套完备的建筑遗产的科学记录档案,由文字记录和图形、图像两个部分组成。它的获得是通过查阅文献资料、调查访问、测量与绘图、摄影摄像等多项实地勘察工作来综合完成的。这些工作的成果详尽记录建筑物各个方面的状况:

①文字记录包含文献典籍中的有关记载以及各种相关的档案、文件等资料。文字能够记录下建筑物自创建之日起到今天的历史变迁、它经历过的风风雨雨、历代历次的增修重建,还有与建筑物紧密共生的人物、历史、传说与故事。文字还能详细地描述建筑物的外观面貌,形体特征、艺术风格和结构做法以及细部的装饰与处理手法。

②摄影、摄像能够忠实记录建筑物的全部及各个组成部分的形象特征,尤其是色彩、造型和细部装饰。它的最大优点在于可以在一定程度上再现建筑物的整体风貌和环境气氛,传达出现场感。

③建筑物的真实尺度、各个结构构件和各组成部分的实际尺寸、整体与各组成部分及各个组成部分之间的真实比例关系等一系列的客观、精准的数据,则需要由测量与绘图工作来提供,仅依据文字和照片(录像)是无法获取这些重要信息的。

"测绘",就是"测"与"绘",它由实地实物的尺寸数据的观测量取和根据测量数据与草图进行处理、整饰最终绘制出完备的测绘图纸两个部分的工作内容组成,分别对应室外作业和室内作业两个工作阶段。从测量学角度而言,它属于普通测量学的范畴。历史建筑测绘综合运用测量和制图技术来记录和说明古代建筑。测量需要具备基本的测量技能和掌握一定的历史建筑营造专业知识,绘图也同样需要具备历史建筑营造的专业知识和制图的技能。所以历史建筑测绘具有专业性和技术性两大特点。本书内容只是针对历史建筑测绘,有关测量和制图的专业书籍与教材已很齐备,读者可根据自身需要参阅,本书不再赘述。

对于建筑遗产保护工作来说,无论是日常的维修、还是损坏后的修复、乃至特殊情况下的易地重建(因为中国古代建筑的木构架结构体系具有构件预制、现场安装的基本特点),一套完备的测绘图纸都是最基础、最直接、最可靠的依据。同时,历史建筑测绘作为一种资料收集手段,也是建筑理论研究的必备环节和基础步骤,这种扎实有效的工作方法是理论研究工作不可缺少的。

1.2.2 历史建筑测绘的类型与范围

历史建筑测绘首先应该了解历史建筑类型,然后依据历史建筑测绘工作的精确度来划分历史建筑测绘的类型。

1)历史建筑类型

(1)古代建筑分类

古代建筑主要包括城垣城楼、宫殿府邸、宅第民居、坛庙祠堂、衙署官邸、学堂书院、驿站会馆、店铺作坊、牌坊影壁、亭台楼阙、寺观塔幢、苑囿园林、桥涵码头、堤坝渠堰、池塘井泉、其他历史建筑等(图1.1和图1.2)。

(2)近现代重要史迹及代表性建筑

近现代重要史迹及代表性建筑主要包括重要历史事件和重要机构旧址、重要历史事件及人物活动纪念地、名人故/旧居、传统民居、宗教建筑、名人墓、烈士墓及纪念设施、工业建筑及附属物、金融商贸建筑、中华老字号、水利设施及附属物、文化教育建筑及附属物、医疗卫生建筑、军事建筑及设施、交通道路设施、典型风格建筑或构筑物、其他近现代重要史迹及代表性建筑等。

| 浙江民居 | 浙江民居 | 贵州侗族民居 | 贵州侗族民居 |

四川成都清真寺　　宋画金明池图中临水殿　　河北正定关帝庙　　宋画龙舟图中的宝津楼

甘南夏河拉卜楞寺经堂　　西藏日喀则扎什伦布寺佛寺　　内蒙古百书磨大经堂

北京圆明园苏林亭　　北京宫殿午门　　北京内城角楼

福建某寺　　河北承德普宁寺大乘关　　宋书黄鹤楼

北京圆明园天地一家春　　北京圆明园万方安和　　福建泉州奎星楼　　宋书滕王阁

图1.1 不同地域的历史建筑类型

图 1.2　中国历史建筑的不同类型

2）历史建筑测绘类型及范围

历史建筑测绘类型可以按保护工作需要分为现状测绘和复原测绘。现状测绘是将建筑残破或者残损部位在图中标注出来,复原测绘是将建筑原状而不是按现状情况完整复原测绘。

按照历史建筑测绘精确度的高低,又分为两种基本的测绘类型:

(1)精密测绘

精密测绘是为了建筑物的维修或迁建而进行的测绘。这种测绘对精度的要求非常高,只在建筑物由于主要构件发生严重变形,蛀蚀,劈裂,遭受某种自然、人为因素引发损坏而需要落架大修,以及遇到特殊原因必须迁移至它处重建的情况下才需要进行。测量时在建筑物内外要全面搭建脚手架(即"满堂架"),需要很多人力、物力,持续时间也比较长。建筑物的每一个构件都需要测量和勾画,即使是同种类型多次重复出现的构件也不例外,并且各个构件要分类编组,逐一编号和登记。

精密测绘的工作量很大,不能有丝毫的疏忽和遗漏,否则修复或迁建对象就无法恢复原状了。

(2)法式测绘

法式测绘就是通常为建立科学记录档案所进行的测绘,测量时一般不需搭建全面的脚手架。对于体量大的建筑物,可以在建筑一角或重点结构部位搭建局部的脚手架;当建筑物体量不大,使用梯子、高凳、直杆等辅助测量工具就能满足梁架、屋脊等部位的测量要求时,就无需搭设脚手架。对于在建筑物中的各个构件不需要逐一测量,只测量其中的重点构件和同类构件中的典型构件。

这种测绘相对于精密测绘简便易行,所需人力物力较少,能够比较全面地记录建筑物各个方面的状况。除去建立科学记录档案,对于新发现的、因相关背景资料缺乏而难以准确评估价值以及开展研究的古代建筑,可以先进行法式测绘,将测绘结果作为进一步的准确鉴定和深入研究的基础资料。

1.2.3 古代的测量与制图

在中国的历史上很早就开始了测量与制图。农业文明的辉煌少不了历法的精准制订,也少不了农田水利工程的兴修。前者有赖于古人对天象的长期观测和记录,春秋战国时编制的"四分历",测定一年为365又1/4日,到了宋时一年又测定为365.2425日,与今值相比误差只有26秒而已。同时,古人通过观测夜空中的星宿还解决了辨方定位的大问题,西汉时的"六壬盘"就有了12个明确的方位。而水利事业的兴旺发达要归功于数学发展的水平和工程测量技术,在大约成书于公元前1世纪的《周髀算经》中,商高就创造性地提出了关于方圆、勾股这些基本几何问题的理论(图1.3)。运用勾股弦原理就能够方便地测量和推算出诸如山高、谷深、远近距离等数据。

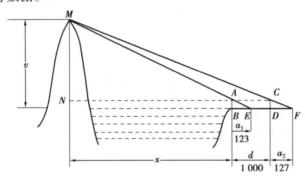

图 1.3 西晋数学家刘徽测算商高的方法

"今有望海岛,立两表齐高三丈,前后相去千步,令后表与前表参相直。从前表却行一百二十步,人目着地取望前岛峰,与表末参合。从后表却行一百二十七步,人目着地,亦与表末参合。问岛高及去表各几何"。

中国是世界上最早绘制地图的国家之一,关于地图的源头也许可以追溯到四千年前大禹所铸的刻有山川百物的九鼎。中国现存最古的地图是刻在甲骨上的《田猎图》,它的时间是公元前16—11世纪的商代。20世纪70年代中期在河北平山县三汲村出土的中山王陵的《兆域图》(公元前310年)则是最早的建筑总平面图,这幅用金银丝镶嵌在一块48 cm高、94 cm宽的铜板上的陵园总平面图,图面规整、线条匀称、注记文字规范。长沙马王堆三号汉墓出土的一幅绘在帛上的"地形图"(公元前168年),详细描画了河流、山脉和道路,图中用不同的符号区别表示不同级别的居民点,表示河流的线条沿水流方向由粗而细、用弯曲的闭合线表示山体的轮廓和走向,与今天概括地形所使用的等高线有着相同的性质和作用。同时出土的还有另一幅绘在帛上的彩色军事地图《驻军图》,这两件地图史上的珍品让今天的人们真切地了解了西汉时科学技术所达到的水平。

中国古代制图学理论是由公元3世纪时的西晋人裴秀总结提出的"制图六体",即分率、准望、道里、高下、方邪、迂直。用现在的语言简要解释如下:分率就是比例尺,准望是方位,道里是道路的实际距离,高下、方邪、迂直的意思是指两点之间的地形高低变化、行走路线的迂回曲折不能影响两点之间距离的确定,就是说图上两点之间的距离是以两点之间的水平投影距离为准的,不是人的实际行走距离。这种制图理论落实在制图方法上就是"计里划方":在图上绘制一定尺寸的方格网,每一个方格的边长代表实际中的若干里,即"每方折地——里"。这样的网格就是今天的坐标网。"计里划方"法一直是中国古代制图方法的主流,时至今日我们仍在使用这样的网格法,只是由于卫星遥感技术的发展,网格的细化和精确程度已非昔日可比。

在科学技术发达、手工业水平很高的宋代,测量和制图技术又发展到一个新的阶段,测量工具的改进、雕版印刷术的普及、绘画艺术的发展起了主要的促进作用。当时刻印的许多书籍都附有版画插图作配合文字的说明,比如《营造法式》《宣和博古图》等,书中有大量精美的营造图、器物图。而自宋代起历代诸多界画大师描绘日常生活与劳作的画卷,换个角度看就是相当专业的营造图、机械图。

古人绘制建筑平面图的一个重要传统是将图中的建筑物以立面图形式来表现,这在西汉的《驻军图》中就已经表现出来了。立面图的表现是有所不同的,重要建筑、主体建筑的立面具体、细致,而一般性建筑往往只作示意性的表示,其建筑立面其实是一种图例或符号。以现代制图学的眼光来看,中国古代的建筑平面图应该是平面图、立面图及轴测图的融合结果。若是范围广大的地形图、山河形势图之类,古人往往会拿出山水画的布局和笔法,以俯瞰万里的眼光和立场去描画山脉、河流、树木、渠堰、都邑和乡村,这类似于今天的鸟瞰图,但是又大不相同。它不受"空间"的限制,享有高度的自由,因为这就是古人眼中的自然世界与生活空间。

中国古代建筑中使用物作为单位衡量建筑空间。其后在对城市和建筑单体尺度度量中开始使用专门的单位。在城市规划中使用"里""步"作为尺寸度量单位,在建筑单体中使用"尺"作为单位,而后营造尺作为专门的建筑度量单位的出现则明确标志着中国古代木构建筑模数制度中的模数单位制度的进一步发展,在此基础上,最终形成了建筑营造尺寸的模数单位。

中国古建筑多采用古典的模数制。北宋时,在政府颁布的建筑预算定额——《营造法式》中规定,把"材"作为造屋的尺度标准,即将木架建筑的用料尺寸分成八等,按屋宇的大小,主次量屋用"材","材"一经选定,木构架部件的尺寸都整套按规定而来。以后历朝的木架建筑都沿用于以"材"为模数的办法,直到清代。(清朝则以"斗口"为标准)

材分模数制度中将断面高度定为基本模数单位,并在模数单位的基础上确定高宽比为3:2,从而构成模数制中"材、份、栔"的三级数量关系。

规定"材分八等",并将上、下拱间的距离称为栔,材的高度为15分,宽度为10分,加上栔为,谓之足材,高21分。(1材+1栔=1足材,共高21分;分足材高的1/15,材宽的1/10)。

测量基本知识及应用

2.1 常用测绘仪器和工具

2.1.1 常用测绘仪器的性能与应用

1)水准仪

水准仪主要由望远镜、水准器和基座 3 个主要部分组成,是为水准测量提供水平视线和对水准标尺进行读数的一种仪器(图 2.1)。仪器测量时应整平,使圆气泡居中,每次读数时 U 形气泡还需对准,以保证望远镜的视准轴水平,然后瞄准前后两个水准尺,读前后视读数。水准仪的主要功能是测量两点间的高差 h,它不能直接测量待定点的高程 H,但可由控制点的已知高程来测算待测点的高程;另外,利用视距测量原理,它还可以测量两点间的水平距离 D,但精度不高。

图 2.1　水准仪

常见的水准仪分为微倾式水准仪、自动安平水准仪、激光水准仪和电子水准仪(又称数字水准仪)。微倾式水准仪是借助微倾螺旋获得水平视线;自动安平水准仪不需要精平,只要仪器粗平,就可以保证视准轴水平;激光水准仪是在水准仪的望远镜上加装一支气体激光器而成。用激光水准仪测高程时,激光束在水准尺上显示出一个明亮、清晰的光斑,可直接读数,迅速且正确,极为方便;电子水准仪在望远镜中设行阵探测器,仪器采用数字图像识别处理系统,并配有条码水准标尺,会自动记录并存储测量数据,可全面实现水准测量内外业一体化,是现代科技最新发展的产品。

2)经纬仪

经纬仪由照准部、水平度盘和基座 3 部分组成,是对水平角 β 和竖直角 α 进行测量的一种仪器(图 2.2)。常见的经纬仪分为游标经纬仪(目前国内已淘汰)、光学经纬仪和电子经纬仪。角度测量前,除应整平外,还需要对中,水平度盘归零,也就是使测站点标志和仪器的竖轴在同一铅垂线上。

光学经纬仪利用集合光学的放大、反射、折射等原理进行度盘读数;电子经纬仪是利用物理光学、电子学和光电转换等原理显示度盘读数,并进行数据自动归算及存储装置的经纬仪。

图 2.2　经纬仪

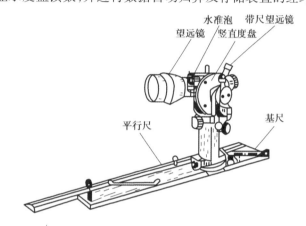

图 2.3　大平板仪

3)大平板仪

大平板仪由基座、图板、照准仪、对点器、独立水准器、定向罗盘和复式比例尺等附件组成,可用于角度测量、视距测量,在精度要求不高的情况下配合其他仪器可以进行导线测量(图 2.3)。

图板一般为边长 60 cm 的正方形木板,利用三个螺旋器和基座连接后架设在三脚架上。大平板仪在一个测站上的安置过程,包括对中、整平和定向三项工作。这三项工作是相互影响的。整平是将圆水准器放置在图板上,使图板成水平位置;对中是对点器使图板上的控制点和地面对应点重合;定向是通过定向罗盘旋转图板,使图板上的直线方向和相应的地面线方向重合或互相平行。

4)电磁波测距仪

电磁波测距仪(electromagnetic distance measuring instrument)是采用电磁波为载波的测量距离的仪器。徕卡公司生产的 DI1000 红外相位式测距仪(图 2.4),不带望远镜,发射光轴和接受光轴是分立的,仪器通过专用连接装置安装到徕卡公司生产的光学经纬仪或电子经纬仪上。测距时,当经纬仪的望远镜瞄准棱镜下的照准觇牌时,测距仪的发射光轴就瞄准了棱镜,使用仪器的附加键盘将经纬仪测量出的天顶距输入测距仪中,即可计算出水平距离和高差。

测绘中常用手持式激光测距仪测距(图 2.5)。手持式激光测距仪是利用激光对目标的距离进行准确测定的仪器。激光测距仪在工作时向目标射出一束很细的激光测距仪光,由光电元件接收目标反射的激光束,计时器测定激光束从发射到接收的时间,计算出从观测者到目标的距离。下面以徕卡 DISTO 系列产品为例,作仪器介绍如下:徕卡 DISTO 手持式激光测距仪无须反射装置,可以取代小钢尺,快速准确地测量两点间的长度或距离,如柱距、柱高、檐口高等。同时,利用内置计算程序可以间接测量不易到达的两点之间的距离。不同型号的测距仪其测程也不尽相同(测程从 0.2~200 m),测距精度可达毫米级。

图 2.4　DI1000 红外相式测距仪

图 2.5　手持式激光测距仪

5)电子全站仪

电子全站仪是集距离测量、角度测量、高差测量、坐标测量于一体的测量设备。全站仪的基本功能是测量水平角、竖直角和斜距,借助于机内固化的软件,可以组成多种测量功能,如可以计算并显示平距、高差及镜站点的三维坐标,进行偏心测量、悬高测量、对边测量、面积计算等。全站仪由电子经纬仪、光电测距仪和数据记录装置组成(图 2.6)。全站仪在测站上一经观测,必要的观测数据如斜距、天顶距(竖直角)、水平角等均能自动显示,而且几乎是在同一瞬间得到平距、高差、点的坐标和高程。如果通过传输接口将全站仪野外采集的数据终端与计算机、绘图机连接起来,配以数据处理软件和绘图软件,即可实现测图的自动化。

提把	提把固定螺丝
粗瞄准器	物镜
望远镜Ⅱ镜	电池
仪器中心标志	垂直制微动手轮
望远镜调焦环	长水准器
光学对点器	数据通信插口
操作面板	水平制微动手轮
三角基座	脚螺旋
三角基座制动控制杆	
底板	

图 2.6　电子全站仪

测绘中经常用到无接触式全站仪,即测量过程中无需反射棱镜。仪器内置有红外光和可见激光 2 种测距信号,当使用激光信号测距时直接照准目标测距。无棱镜测距的范围为 1.5~80 m,加长测程的仪器可以达 600 m,测距精度一般可达±(3 mm+2 ppm)(注:ppm = 10^{-6})。该功能对测量天花板、壁角、塔楼、隧道断面等棱镜不便于到达的地方很有用。

6)罗盘仪

罗盘仪是利用磁针确定方位的仪器,用来测定地面上直线的磁方位角或磁象限角。罗盘仪由罗盘盒、照准装置、磁针组成(图2.7)。它的优点是构造简单,使用方便;缺点是精度较低,仪器受外界环境的影响较大(如高压电线会影响其精度)。使用罗盘仪测定直线的磁方位角时,应先将罗盘仪安置在直线的起点,使罗盘仪水平后,放下磁针,瞄准直线的另一端点,待磁针静止后,便可在度盘上读数,所得读数即为该直线的磁方位角。

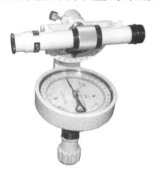

图2.7 罗盘仪

2.1.2 测绘工具

测绘,即为"测(测量)"与"绘(绘制)"的结合,测绘工具也就自然包括这两个方面。测绘工具基本可分为测量工具、辅助工具和设备及绘图工具等,测量时应根据实际情况加以选用。

1)测量工具

常用手工测量工具主要有以下几种(图2.8):

①距离测量工具:30 m 皮卷尺、30 m 或 50 m 钢卷尺、5 m 小钢尺。

②找水平线及铅垂线的工具:60 cm 和 100 cm 水平尺、垂球和细线。

③角尺:具有圆周度数的一种角形测量绘图工具(三角尺),可放置与图板的一边成任意需要角度的绘图仪器。

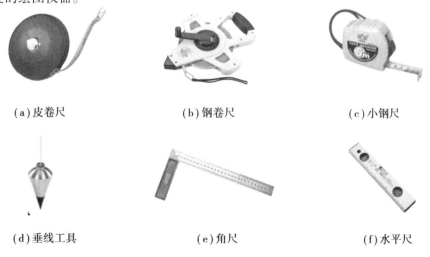

(a)皮卷尺　　　　　　　(b)钢卷尺　　　　　　　(c)小钢尺

(d)垂线工具　　　　　　(e)角尺　　　　　　　(f)水平尺

图2.8 手工测量工具

2）测量辅助工具和设备

①摄影、摄像器材：留存测量的影像资料。

②梯子、脚手架：为测量建筑较高部位提供工作平台的辅助设施。

③安全帽、保险绳、保险带等安全装备。

④便携式照明灯具（如手提式探照灯、头灯等）：用于天花以上等光线不足之处的测量。

⑤竹竿：用于建筑较高部位测量的辅助工具。

⑥复写纸和宣纸：用于拓取某些构件的纹样。

⑦细软钢丝：用于复制某些线脚。

⑧粉笔、记号笔、斧子、木桩、钉子、细线：制作或标画所需的临时标志点、标志线。

⑨对讲机：团队协同合作时必要、便捷的沟通工具。

3）绘图工具和设备

①计算机及打印机、扫描仪等相关外围设备及 CAD 软件。

②铅笔、橡皮、丁字尺、一字尺、三角板、圆规、裁图刀、胶带纸、图板、画夹、A3 复印纸等常规绘图工具。

2.2 测量的基本原则和方法

2.2.1 测量的基本原则

一般来说，无论采用何种仪器、何种方法，单体建筑测量都应遵循以下原则：

1）从整体到局部，先控制后细部

这是一条重要的测量学原则，目的是为了限制误差的传播，使不同局部取得的数据能够统一成整体。也就是说，先测量控制性尺寸，确定一些建筑上的控制点和控制线的精确位置，包括平面位置和高程，以统一整体的测量工作。

建筑的各部位、各构件除长、宽、高、厚、径等本身的尺寸外，还需要测定其空间定位尺寸，包括平面位置和高程。

2）方正、对称、平整等不能随意假定

应当充分注意房间是否对称、方正，在可能的情况下，矩形平面要测量对角线验证。是否对称、方正，不能仅凭观察就主观认定，而应当用数据验证。竖向测量应注意地面是否水平，否则应测出不同位置的高差。

3）选取典型构件测量时，应注意构件或部位的统一性

如果采用典型测绘级别，则同类的重复性构件可选取典型构件测量，条件允许时应多测几组。但必须注意：测量一组结构或某一构件时，必须尽可能针对这组结构或这一构件进行测量，切忌随意测量不同位置的构件尺寸，"拼凑"成完整的尺寸。

4）充分注意一些特定情况

柱的收分、侧脚及生起，翼角起翘，地面合溜（坡度），墙体收分，屋脊生起等特定情况反映了建筑的特征,是不能忽略的,应充分注意并加以测量。

2.2.2　测量方法

限于工具,手工测量实质上是把大多数测量问题都转化为距离测量,主要利用上述尺具进行距离测量和简易高程测量,通过直角坐标或距离交会法进行平面定位,必要时辅以水平尺、垂球、角尺、竹竿等工具。一般测量通面阔、梁架高度等较大尺寸时用卷尺,测量小尺寸时多使用小钢尺,较为灵活自由。有条件可配备手持激光测距仪和激光标线仪,取代一些卷尺和垂球、水平尺的操作,以提高效率。

事实上,将仪器测量和手工测量机动灵活地结合起来,分别用于控制测量和碎部测量,是目前经济技术条件下较好的选择。对于体量较大、形式复杂或者非常重要的历史建筑,必须使用仪器测量进行控制测量。而一般建筑屋面上的重要控制性尺寸,使用手工测量常常力不从心,尤其遇到庑殿、歇山顶及重檐建筑时更是如此,因此,有条件的必须一起使用来进行测量。

手工测量时应掌握以下基本方法和注意事项:

①测量由 2~3 人配合进行。一般来说,勾画草图者作为记录人,是测量的主导者。当测量较大尺寸时,由前、后尺手操作,后尺手将卷尺的零点固定在起测点上,前尺手拉尺前行并读数,同时向记录人报数,情况较复杂时可适当增加辅助人员;当测量较小尺寸时,由一人持小钢尺测量,并向记录人报数即可。记录人应边记录边出声回报,以减少听错、记错的机会,同时回报也是向对方发出继续读数的信号。

②连续读数。在可能的情况下,同一方向的成组数据必须一次连续读数,不能分段测量后叠加,这样不仅提高了效率,而且减少了误差的积累。同理,测量中凡能直接测量的数据必须直接测量,不可分段叠加。

③测距读数时务必统一以 mm 为单位,只报数字,不报单位,以免记录时产生混乱。

④在测量水平距离和垂直距离(高差)时,尺面的水平或垂直状态只需目测估计即可。

⑤所有皮卷尺要注意比长,也就是找出皮尺拉紧后其名义长度与实际长度的关系,必要时将所有皮尺测量值按比例进行尺长改正。

⑥不能直接量取时,可用间接方法求算,但必须测取同一部位。

2.3　测量新技术简介

2.3.1　全球定位系统(GPS)简介

全球定位系统(Global Positioning System,通常简称 GPS),即是用卫星定时和测距进行导航的全球定位系统。系统主要由空间星座部分(GPS 卫星星座)、地面控制部分(地面监控系统)和用户设备部分(GPS 接收机)三大部分组成。

GPS 卫星星座由 24 颗卫星组成,其中 21 颗为工作卫星,3 颗为备用卫星。24 颗卫星均匀分布在 6 个轨道平面上,即每个轨道面上有 4 颗卫星。卫星轨道面相对于地球赤道面的轨道倾角为 55°,各轨道平面的升交点的赤经相差 60°,一个轨道平面上的卫星比西边相邻轨道平面上的相应卫星升交角距超前 30°。这种布局的目的是保证在全球任何地点、任何时刻至少可以观测到 4 颗卫星。卫星上安装了精度很高的星载时钟,能在全球范围内向任意多用户提供高精度、全天候、连续、实时的三维测速、三维定位和授时信息。

GPS 定位原理,类似于传统的后方交会(后方交会,就是在未知点上观测几个已知点来求未知点的位置)。若在需要的位置某点 P 架设 GPS 接收机,在某一时刻 t 同时接收 4 颗以上GPS 卫星所发射的信号,即测得卫星到测站点的几何距离,就可以根据后方交会原理确定出测站点的三维坐标(图 2.9)。

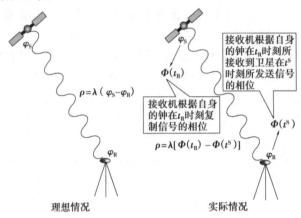

图 2.9　GPS 定位示意图

2.3.2　数字近景摄影测量简介

摄影测量是利用摄影影像信息测定目标物的形状、大小、空间位置的一种测量技术。随着摄影技术、计算机技术的发展,摄影测量从模拟摄影测量阶段经过解析摄影测量阶段,现在已经进入数字摄影测量阶段,完成了信息处理从人工操作到半自动化、自动化处理的发展历程。

数字摄影测量是以数字影像为基础,通过计算机分析和处理,获取数字图形和数字影像信息的摄影测量技术。具体地说,它是以立体数字影像为基础,由计算机自动识别相应像点及坐标,运用解析摄影测量的方法确定所摄物体的三维坐标,并输出高程模型和正射数字影像,或图解得到线划等高线图和正射影像图(图 2.10)。

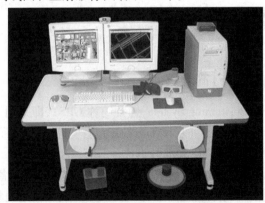

图 2.10　数字摄影测量工作站

近景摄影测量是摄影测量的一个分支,它是指在近距离(一般指300 m以内)拍摄目标图像,经过加工处理,确定目标大小、形状和几何位置的技术。近景摄影测量包括近景摄影和图像处理两个过程。

历史建筑摄影测量是近景摄影测量在历史建筑文物调查中的应用,包括文物测量、考古测量和古遗址测量,其主要内容是历史建筑和文物立面图、平面图、等值线图、影像图的测绘,以及历史建筑主要结构数据的测定。

2.3.3 三维激光扫描系统简介

随着激光技术的快速发展,三维激光扫描技术(图2.11)已广泛运用于各个领域,如医学临床诊断治疗、机器人三维可视化、工业的模具设计和制造等。近年来,随着长距离三维激光扫描技术在获得多目标空间点阵数据方面的突破,三维激光扫描系统已在机载激光测量和城市三维影像模型建立等方面得到应用。目前,三维激光扫描系统在获取空间信息方面提供了一种全新的技术手段,使传统的单点采集数据变为连续自动获取数据,从而提高了测量的效率。

图2.11 三维激光扫描仪

三维激光扫描系统的核心部分是三维激光扫描仪(图2.12),三维激光扫描仪通过数据采集,可获得点 F 的测距观测值 S,精密时钟控制编码器同步测得激光脉冲横向扫描角度观测值 θ 和纵向扫描角度观测值 φ,依此可得到点 F 的三维坐标。

用三维激光扫描仪扫描目标体,可获得大量的点数据,称为"点云"。扫描所得到的点云是由带有三维坐标的点所组成的,把不同角度的点云资料拼接成为立体的点云图形。点云是一种类影像的向量数据,再经模型化处理,可以获得很高的点位精度。可以直接在点云中进行空间量测,也可利用点云建立立体模型,然后对建筑物的任意点进行测量。同时,利用仪器中固有的CCD相机还可以采集到扫描目标体的纹理。

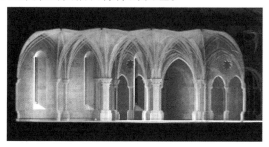

图2.12 三维激光扫描仪在测绘中的运用

测绘前的准备

为达到历史建筑测绘的预定目的,安全、顺利地完成测绘任务,测绘参与者在进入现场测绘之前,必须在物质、知识技能、思想和心理上做好充分准备。

3.1 物质方面的准备

物质方面的准备除后勤保障外,这里把重点放在资料、技术和设备方面的准备上。

1)搜集资料和图纸

为了解所测对象的历史、艺术和科学价值,了解其历史沿革和当前的整体情况,测绘前应尽可能地搜集测绘对象的相关档案和图文资料,内容包括:

①测绘对象所在地的地图、地形图(1:2 500~1:500)等。

②测绘对象所在地的工程地质、水文、气象资料等。

③测绘对象的老照片、航拍照片及其他相关图像资料等。

④测绘对象原有测绘图、修缮工程设计图、竣工图等。

⑤测绘对象的管理档案和研究文献。

一般来说,这些资料均包括在文物保护单位记录档案中,因此可到相关文物主管部门规划建设部门、图书馆、档案馆查阅。如果能找到旧的测绘图,应该持正确态度,独立完成新的测绘,杜绝抄袭旧图现象,这样才能保证测绘的精确度,修正原图错误,并在可能的条件下获得新的发现。

2)踏勘现场,确认工作条件

测绘前应派有经验的教师提前到达现场详细踏勘,并与测绘对象的管理者接洽,确认必要的工作条件。内容包括：

①确认测绘的工作范围,如总图的测量范围,哪些建筑列入测绘项目等。

②了解建筑的复杂程度,确认每个单位建筑所需人数和总的工作期限。

③确认测绘时是否能安全到达所有应该到达的部位,以准备相应的脚手架、梯子、安全设施和照明设备等。

④了解测绘现场可能存在的安全隐患,制订相应的防范措施和预案。

⑤与管理方协商测绘期间的管理方式和作息时间。

⑥如有第三方参与,确定与第三方合作的方式和时限等。

3）制订测绘计划

根据建筑复杂程度、工作条件确定人数及工作总体时限(对方另有要求除外),一般按照研究标准全面测量的深度要求,制订详细测绘计划,包括：

①根据总图和各单体建筑测绘的工作量进行人员分工,包括学生分组及辅导教师、研究生的分工。

②确定总体工作时限和各个工作环节的进度安排。

③制订脚手架搭建方案、梯子调配计划。

④制订测量仪器的调配使用计划。

⑤安排落实后勤保障。

4）准备工具和仪器

近年来,随着计算机、卫星遥感和网络技术的发展,测量技术正在发生根本的变化,如GPS(全球定位系统)、GIS(地理信息系统)的运用等。新技术的逐步普及使用同样会对历史建筑测量产生重大影响,使其变得更精确、更高效、更科学,并且将会越来越多地替代手工测量。但是无论怎样发展,这些数字时代的技术和仪器都无法替代我们用眼睛和双手去认知和感受历史建筑。

①主要测量工具：皮卷尺、小钢卷尺(应人手一个)、软尺(30 m 左右)、线、卡尺。

②测量辅助工具与绘图工具：指北针、望远镜和手电筒、垂球、架木、梯子或高凳、直竿、复写纸、硫酸纸、白纸和坐标纸(幅面以 A3 为宜)、笔(HB ~ 2B 铅笔,几只颜色不同的细尖记号笔)、照相机、速写本。

③其他工具：画夹或小画板、夹子、双面胶、透明胶、橡皮、剪刀、美工刀、三角板、直尺、圆规、曲线板、毛刷、计算器、笔记本电脑等。

④药品准备：藿香正气水(夏天备)、紫药水、创可贴、阿莫西林、医用纱布和毛巾、葡萄糖、棉签、花露水等常规药品。

3.2　知识技能方面的准备

为使初学者在测绘时尽快进入角色,顺利开展测绘工作,测绘者在知识和技能方面应当有充分的准备。内容包括：

①了解掌握历史建筑测绘的基本原理和方法。

②了解历史建筑的结构、构造和材料等方面的知识,尽可能多地了解所测对象的法式特征。

③尽量了解所测对象的背景、历史沿革、价值和其他相关信息。

④熟记安全操作规程,最好能掌握一定的野外急救知识和技能。

3.3　思想和心理方面的准备

如前所述,历史建筑测绘是培养学生综合素质的良机,除知识技能方面取得进步外,在思想感情领域也将得到磨炼和提高。

1)安全第一

"安全第一"是历史建筑测绘贯穿始终的法则,全体测绘人员都必须牢固树立安全意识。安全问题包括人员安全和文物安全,进入测绘现场工作之前必须进行必要的安全教育。一般的安全注意事项包括:

①一切行动听从指导教师统一指挥和调度。

②一切高空作业必须系牢保险绳。

③合理支架梯子,上下时必须有人保护。

④工作现场严禁吸烟或使用明火。

⑤衣着得体,不穿凉鞋、拖鞋、高跟鞋进行爬高作业,不穿裙子进行户外作业。

⑥钻天花等作业时,要充分注意各种危险因素,严禁踩踏天花板或支条。

⑦上下交叉作业时,下方人员必须戴安全帽。注意避开上方坠物。

⑧注意用电安全,现场有明线时必须停电或采取必要安全措施方可作业。

⑨高空作业前,应提前观察建筑破损程度和区域,不要盲目攀登。

⑩严禁雨天时进行室外爬高作业。

⑪严禁酒后作业。

⑫未经允许不得私自登高观景、拍照或进行其他与测绘无关的活动。

⑬现场应设置护栏、警告标志等,随时提醒测绘人员注意安全。

⑭严禁故意破坏或偷盗文物,严格保护技术机密,确保文物安全。

⑮除工作中的安全问题外,在旅行途中及外地住宿期间,也要充分注意个人人身安全,遵守实习纪律和作息制度,避免意外事故和治安、刑事案件的发生。

2)迎接挑战,战胜困难

实际的测绘工作往往会遇到很多困难,因此必须在思想和心理上做好充分准备。测绘的外业工作条件艰苦,内容相当枯燥,体力和精力消耗较大。若在夏季测绘,不仅是挥汗如雨,酷热难挡,而且还有蚊虫叮咬,甚至偶尔面临马蜂、蝎子的威胁。闷热的天气里,接触到的常常是污浊的粉尘、鸟粪、蝙蝠,甚至还有刺鼻的异味。同时不可回避的高空作业多少带有一定的危险性。所有这些都要求学生务必做好吃苦的心理准备,克服恐高心理。

测绘工作要求严谨求实,要有足够的耐心,认真细致地完成每一环节任务。同时,测绘通常不可能靠一人之力完成,因此要发扬团队精神,密切合作。另外,测绘工期一般比较紧张,但又必须保质保量地完成,因此也会造成很大压力。这些都要求学生要有相应的思想准备,积极进行心理调适。

现实的测绘对象和工作条件不太可能都与教科书上描述的完全一样,需要学生们发挥主动性,灵活运用书本知识,自主发现、思考和创造性地解决各种实际问题。更重要的是学生们还应意识到,测绘实践是提高对建筑的感性认识、验证书本知识的机会,但更应成为探索发现之旅。每位同学都应该时刻准备着发现以往研究中忽略的问题或者错误结论,为历史建筑研究贡献自己的智慧。

我们所要测绘的历史建筑都有使用者或者管理者,还常有游人参观,因此学生们还要做好社交礼仪方面的准备。做到礼貌待人、主动沟通、互谅互让,处理好人际关系,为顺利完成测绘任务创造条件。个别情况下,对方因暂时不理解测绘的重要意义,可能出现不配合工作的现象,这时还要通过正常途径沟通、交涉,争取工作条件,避免发生正面冲突。

4

历史建筑的草图绘制

4.1 草图绘制的目的和重要性

4.1.1 草图绘制的目的

1)测绘草图的概念

测绘草图,是通过现场观察、目测或依据照片等,徒手勾画出建筑的平面、立面、剖面和细部详图等,清楚表达出建筑的大致外观、比例的各类图纸。在此基础上,将通过测量得到的数据标注在草图上,标注了尺寸的测绘草图称为测稿。测稿是测量数据的原始记录,不仅是绘制正式图纸的重要依据,而且真实反映了测量方法、测量过程方面的一些具体信息。

2)绘制测绘草图的目的

由于传统建筑形式复杂,构建数量大、形式多,在手工测量的条件下,要获得建筑的准确数据,就必须事先画好建筑草图,再将测量数据与草图一一对应,并进行修正补充,最终才能得到较为准确的建筑正式图纸资料。可以说,草图绘制是测绘工作正式开始的第一步。

3)测绘草图的重要性

测量草图是日后绘制正式图纸的唯一依据,是得到的关于所测建筑的第一手资料。所以,绘制草图时必须本着一丝不苟的态度,如果有不清楚的地方,要及时观察分析清楚,切勿凭主观想象勾画,或是含糊过去。

绘制草图应保持科学、严谨、细致的态度。测绘草图不是个人专用,而是组内共享,甚至作为档案接受查阅,因此必须具备很强的可读性。对于草图(测稿)上交代不清、勾画失准及数据混乱之处应重新整理、描绘。草图(测稿)是辛勤劳作的成果,凝结着所有参与者的心血,因此要用专门的文件夹或档案袋妥善保管,在测量或制图时不要乱丢乱放,避免造成丢失或污损。

在勾画草图的过程中,需要根据客观需求和实际条件灵活掌握,在没有条件到达或者看清楚的部位,可以暂时留出空白,待测量过程中有条件可随时补充完善,不可主观猜测杜撰。

4.1.2　草图绘制的要求

1)测绘草图的格式

原则上讲,草图手稿绘制并没有特定的标准格式。但为了避免草图太多而造成混乱和遗漏,因此建议在同一次测绘工作中采用统一的测绘草图格式。

①草图纸张大小。草图纸张不宜过大也不能太小,太大的图纸不便携带,也不方便在测量作业现场绘图,太小的图纸则可能表达不完整所测量的建筑对象所需要表达的信息。通常最常用的测绘草图大小为 A3 幅面,根据喜好可以采用普通白色复印纸或将拷贝纸裁成 A3 大小适用,拷贝纸携带轻便,且可反复拷贝修改,本教材推荐使用。

②每一页草图上必须注明测绘项目、图名及编号、测绘日期和测绘着的相关信息等,便于现场操作过程中查找测量内容,或有遗失的时候便于增加补充等。

③对不便于画草图的特殊部位进行测量时,可以先用便于携带的小开本进行绘制记录,再采用剪贴、复印或拷贝的方式,将其整理到 A3 纸上。

④测稿上应在需要拓样或拍照的部位标注说明"拓"或者"照片"字样,避免有所遗漏,并且应对拓样和照片作相应的编号和索引。

⑤所有测稿最终都应统一整理,并编制页码,以便以后作图时使用。测稿作为测绘成果之一,应当存档保存。

2)绘制草图的工具和原则

(1)工具

A3 纸、铅笔、橡皮、画夹、画板、速写本等。铅笔一般应选择 HB,软硬适中。纸张也可选用底线很浅的坐标纸,幅面以 A3 为宜。

(2)绘制原则

①观察熟悉对象,先构思好再动笔画,主动记录。

②一般采用正投影,注意不能受透视影响。

③线条清晰、肯定,杜绝模棱两可、似是而非。

④通过目测步量,把握大体比例。

⑤抓住特征,尽量描绘得与实物基本相似。

⑥注意反映各相关部位的对位关系。

⑦合理组织构图,图面大小合宜,为标尺寸留空。

⑧内容繁简、大小、粗精结合。

⑨不可见部分略去或者留白,不可推测杜撰。

⑩图案、纹样及异形轮廓尽可能实拓,勾草图时只需简略概括。

此外,应该尽量安排具有较好的写生手绘功底的人员来绘制草图,以便能够更准确地把握建筑的基本特征和空间结构,也能为后面的工作提供方便。

4.2 各类草图的绘制方法

在测绘过程中,建筑的每个部位都需要仔细测量,并且记录整理,只要是测绘的部位就需要画草图,下面就结合建筑的具体特征,针对建筑的各部分的草图绘制方法分别进行说明。由于历史建筑的结构和组成大有不同,因此可能会涉及的构件或者部位并不是所有建筑都有,也可能不全面,所以这就需要在具体测绘工作中灵活掌握。

4.2.1 总平面图草图的画法

总平面图主要反映建筑与周边地形和建筑环境之间的关系,同时也表示建筑室内外的空间关系,其主要内容包括建筑外轮廓、院落组合关系、不同建筑之间的相对位置、周边地形高差情况等。在勾画总平面图之前,必须走遍建筑或建筑群的四周,如遇不能到达的地形,要尽可能在能够观察的地方看清楚地形和建筑之间的关系,建筑群组合复杂不能全面观察的情况下,可与单体平面结合起来进行绘制,对所测建筑周边的建筑关系,也应按比例进行大致的勾画,确保总平面的完整性表达。总平面上所绘制的建筑轮廓线为屋顶平面的轮廓。

4.2.2 平面图草图的画法

平面图的测绘基本内容包括柱、墙、门窗、台基。绘制草图一般根据建筑的现状来进行绘制。如果是多层建筑,则需要对建筑的每一层平面都进行绘制,宜从定位轴线入手,然后定柱子、墙面、门窗情况,铺地、散水和台基等要清晰反映出铺装方式和规格,再深入细部(图4.1)。

1)绘制方法和步骤

第一,在进行平面图绘制之前,应仔细观察建筑的现状外观,大致确定建筑的平面形状、比例关系等,确定建筑在总平面地形上的大致位置。

第二,对建筑的平面有了大致了解之后,即可开始在图纸上勾画定位轴线,确定建筑的间数、进深、天井、庭院情况等,再根据轴线确定柱子的数量和位置关系,如果平面关系较复杂,柱子规格较多,可以对柱子进行编号或标注,以免混淆。

第三,通过观察确定墙体位置,标注出门窗的位置,注意合理控制门窗在墙体中的比例关系。

第四,勾画出建筑平面里不同部位的铺装形式示意图,为避免图面太乱,地面铺装可不全部勾画,只需表达清楚铺装的整体规则和细节部位的特殊处理即可。画出台基、庭院或天井、散水、廊道等其他部位。

第五,对特殊部位进行详图绘制或作特殊说明。

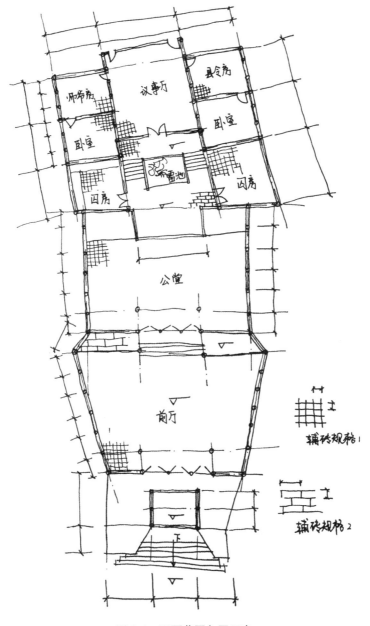

图 4.1 平面草图勾画示意

2)需要绘制详图的部位

①墙体的特殊部位转角、尽端的处理方式,墙体与柱子、门窗交接的部分。

②各式柱础,柱础需要画出各方向的立面视图(图 4.2)。

③必要的铺地、散水及台基石活局部。

④楼梯、栏杆及有雕饰的门枕石等,出平面以外,也需要画出各方向的立面视图。

⑤建筑与道路、院墙或其他建筑的交接处有特殊处理时,需要绘制详图。

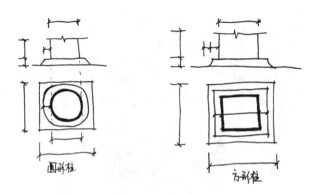

图4.2　柱子草图绘制

3）需数清并标明数量的构件

①柱子、门、窗数量需数清并仔细核对,不得有遗漏。

②台明、室内及室外地面、散水等的铺地砖或木地板的数量必须数清楚,并做详图和标注说明。

③台阶条石、土衬石等。

4）其他注意事项

①门窗另画大样,平面图中"关窗开门",并注意画出门的开启方向。

②平面图中柱子断面按柱底直径画。

③门窗、隔扇、花罩、楼梯及其他不可能在平面图中表达清楚的部位和构件,均需专门画出完整详图。

④平面图必须画出建筑与道路、院墙或其他建筑的交接关系,标注各院落的建筑组合关系,以及各部位的标高和高差关系。

⑤各层平面在绘制的时候应该协调统一进行,注意上下层的对应关系。

4.2.3　立面图草图的画法

立面图反映建筑的外观形式,每个建筑至少要测绘两个立面——正立面和侧立面,位于中轴线上的重要建筑还应该增加背立面的测绘,因此都需要对应勾画草图。对于某些异性平面的建筑,则可以根据方位来绘制"南立面""东立面"等(图4.3)。

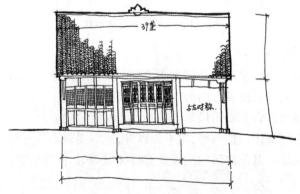

图4.3　立面草图勾画示意

1)绘制方法和步骤

第一,在开始勾画之前,对建筑整体外观进行仔细观察,利用建筑周围的地势环境条件,尽可能全面地观察建筑的各个外观部位,移动观察中注意克服透视变形的影响,退远观察,尽量准确把握建筑的整体高宽比例。

第二,对建筑外观有了详尽了解之后,开始在图纸上勾画外轮廓,一般从檐口起笔,再根据大致比例确定地面位置,然后每间按比例划分好,确定主要构件和部位的位置。

第三,根据所确定的轮廓和主要构件的位置,进行进一步勾画,从下往上将基础、墙体、柱子、门窗、檐口、瓦垄、屋脊等勾画出来。

第四,对特殊部位进行详图绘制或作特殊说明。

2)需要绘制详图的部位

①门窗样式、图案等(图4.4)。

②台基、踏跺、栏板(立面、平面、横断面图均应勾画)。

③雀替、挂落、花板等构件,花纹图案可以作拓印草图。

④山墙墀头(正立面、侧立面都要勾画),画清砖缝的层数和组砌方式。

⑤排山勾滴及山花图案(歇山建筑)。

⑥屋面转角处:如硬山、悬山垂脊端部及歇山、庑殿翼角部、马头墙端部、门头装饰。

⑦屋脊吻兽和瓦垄。

需要注意的是,历史建筑的很多构件的位置是倾斜的,勾画时必须正确投影。此外,大家应该根据具体的测绘工作具体分析,选择需要绘制详图的具体部位。

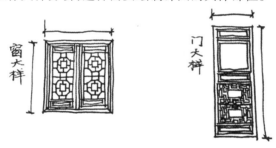

图4.4 门、窗大样草图

3)必须数清并标明数量的构件

①瓦垄的排列规律和数量:依屋顶形式不同,分段数清瓦垄,并进行标注记录。

②檐椽、飞椽的分布与数量:区别具体情况,分间数清正身椽飞数量,单独数翼角椽飞。

③砖墙的排列组砌方式和层数,注意画清墙面尽端或转角处的排列方式。

④山墙面的排山勾滴的分布情况及数量。

4)其他注意事项

①为表现建筑的立面门窗形式,立面图中的门窗都应该呈关闭状态,即"关窗关门"。

②立面图中不易表达清楚的特殊部位和构件,如斗拱、门窗,均应单独画出专门的完整详图。

4.2.4 剖面图草图的画法

剖面图主要反映建筑的结构形式和内部空间组合,一般分为横剖面图和纵剖面图,横剖面图的剖切方向与建筑正面垂直,一般向左投影,出檐部分单画大样,屋面、瓦口、椽飞等构件的关系必须交代清楚,纵剖面图的剖切方向与建筑正面平行,一般向后投影。剖面图的数量视不同建筑的实际情况而定。

在纵轴线上的重要院落当中,还可以增加院落横剖面来表达主体建筑与两厢的配属建筑之间的空间关系和院落的构成(图4.5)。

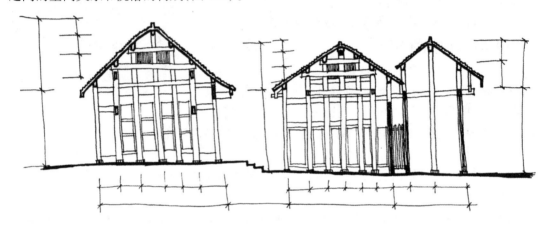

图 4.5　院落剖面草图

1)绘制方法和步骤

第一,仔细观察建筑的内部结构组成,观察建筑内部各方向的空间形状,注意梁、柱、屋架等的连接关系,看清构件的形式、形状、数量等。分析每间的位置和高度关系,建筑内部和室外或庭院高差关系等。

第二,对建筑的结构及内外空间了解清楚之后,分横纵剖面分别开始勾画空间形状,注意控制比例关系,结合平面草图编制剖面号"1—1剖面""2—2剖面"等,注意要在首层平面草图上标明各剖面的位置,以免混淆,也方便测量后的尺寸核对。

第三,绘制建筑内部结构组成,建议可以从梁柱连接的部位开始,分段进行,下部较为简单,视实际情况画清楚柱子、墙体和门窗关系,上部梁架的部位则需要清除表示出梁、枋、檩的断面及屋脊等的实际组成。

第四,需要绘制院落剖面时,还需要将院落的剖面形式将建筑内部空间组合起来,注意出入口的高差处理方式及门槛、基石等的具体做法。

第五,对特殊部位进行详图绘制或作特殊说明。

2)需要绘制详图的部位

①梁架节点局部,绘制梁架节点局部详图,以便详细标注梁、枋、檩的断面尺寸及倒角,注意要注明梁头、梁身尺寸上的变化。

②屋檐出挑部分局部放大,以便交代清楚瓦件、檐椽、飞檐等构件的关系。

③纵剖面图上要详细交代悬山或歇山的出际部分,山花、搏风等需详细画出。

④斗拱、门窗、隔扇、楼梯等其他不易在剖面中表达清楚的部位和构件,均应专门画出完整详图。

另外,在地面勾画草图时,如有较高处的梁架看不清楚时,可留出空白,待有条件时再补画,不可猜测杜撰。

4.2.5 梁架仰视图草图的画法

梁架仰视图记录梁、槫、枋、板、椽等构件及斗拱的布置方式、数量,以及相互之间的组织关系等,一般采用镜像投影得到,正好与平面图对应一致,即水平剖切开梁架向上看。

当建筑有斗拱时,一般从建筑的斗拱坐斗(栌斗)底皮出剖切。对于没有斗拱的建筑,一般从檐柱柱头出剖切。此外,角梁大样、翼角椽子、天花、藻井等特殊部位,均需绘制节点详图。如有重复性构件做法时,不必将每一个构件都画出来,直接标明重复性构件的数量和排列方法即可。

4.2.6 屋顶平面图草图的画法

屋顶平面图主要反映建筑的屋顶外轮廓线、屋面做法及屋面屋脊曲线等,可以只简单画一个平面简图,然后做索引勾画详图即可。其中,屋面和屋脊曲线、不同屋脊交接的节点、屋面转角处、吻兽、脊饰、瓦件等部位,需要根据具体情况绘制详图。

5

单体建筑测量

5.1　单体建筑测量的基本原则和方法

　　测绘是一种集体性质的工作,它需要多个测绘人员分工协作完成,因此合理的分工和有效的现场工作组织是准确、高效地完成测绘任务的保障。现场测量、绘图和后期的正式图纸绘制均是以"组"为单位进行,每组的人数以3~5人为宜。当测绘的对象体量较大,或是测绘内容较繁重时,可增加至6~7人为一组。牌坊、亭、照壁等小体量的建筑,每组3人即可。

　　每个测绘小组应有一位组长,负责具体安排每位小组成员的工作内容,控制本组测绘工作的进度,协调平衡每位小组成员的工作量,组织全体组员进行数据与图纸的校核,检查整理直至最终完成正式图纸的绘制。

5.1.1　单体建筑测量的基本原则和方法

　　在到达现场进行测量工作之前,全体绘制人员应该通过资料的搜集和整理,对测绘对象有了较为全面的了解——测绘对象建造的年代与背景,创建时的组成与规模,历史上重大的翻修、改扩建情况、现状、价值等。全面的实地勘察结束之后,总体测绘内容、每个具体的测绘内容和测绘对象,以及具体的测绘工作进度安排才能确定下来。

　　1)测量的基本原则

　　一般来说,无论采用何种仪器、何种方法,单体建筑测量时都应遵循以下原则:

　　(1)从整体到局部,先控制后细部

　　为了限制误差的传播,使不同局部取得的数据能够统一成整体。也就是说,先测量控制性尺寸,确定一些建筑上的控制点和控制线的精确位置,包括平面位置和高程,以统一整体的测量工作。

　　重要控制性尺寸距离(图5.1),建筑各部位、各构件除长、宽、高、厚、径等本身的尺寸外,还需要测定其空间定位尺寸,包括平面位置和高程。

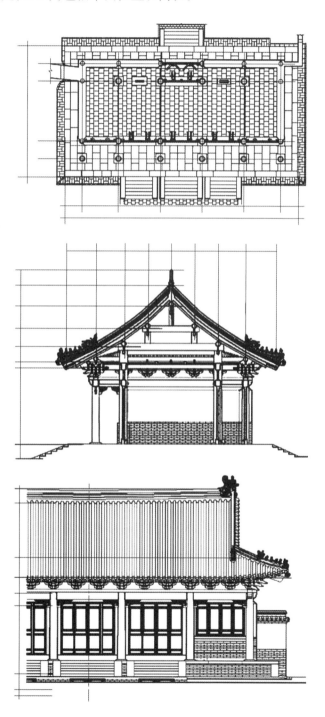

图5.1　单体建筑上重要控制性尺寸举例

（2）方正、对称、平整等不能随意假定

应当充分注意房间平面是否对称、方正，在可能情况下矩形平面要测量对角线验证（图5.2）。是否对称、正交不能仅凭观察就主观认定，而应当用数据验证。竖向测量应该注意地面是否水平，否则应测出不同位置的高差。

（3）选取典型构件测量时，应注意构件或部位的同一性

如果采用典型测绘级别，则同类的重复性构件可选取典型构件测量，条件允许时应多测几组。但必须注意：测量一组结构或某一构件时，必须尽可能在这组结构内或者针对这一组构件进行测量，切忌随意测量不同位置的构件尺寸，"拼凑"成完整的尺寸。

（4）充分注意一些特点情况

柱的收分、侧脚及生起，翼角起翘，地面合溜（坡度），墙体收分，屋脊生起等特点情况反映了建筑的特征，是不能忽略的，应充分注意，并加以测量（图5.3）。

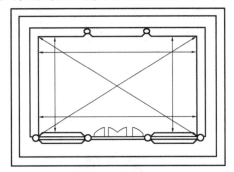

图5.2 用对角线法验证房间是否方正

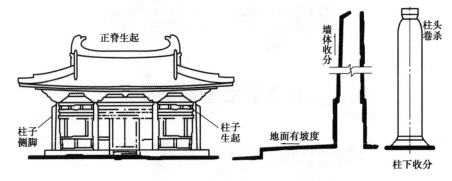

图5.3 测量中应充分注意的一些特定情况举例

2）测量和标注尺寸的原则

草图齐备之后就可以开始测量了，量取数据和在草图上标注数据需要分工完成。在草图上标注数据的人应该是绘制草图的人，因为其比较清楚需要测量哪些数据。记数人说出构件名称和所需要的尺寸，测量人量出数据并读出数值。在操作过程中需要遵循以下原则：

（1）测量工具摆放正确

测量工具要摆放在正确的位置上，才能准确测量出所需尺寸。测量时或水平，或垂直，切勿倾斜。使用皮卷尺、软尺这类有弹性的工具时尤其要注意用力的均匀，拉的过紧或过松都影响精度；尺子拉出很长时，还要注意克服因尺子自身下坠和风吹动所造成的误差。

（2）读取数值时视线与刻度保持垂直

测量部位的选择尽量沿着建筑轴线（柱中线），这样做是为了保证测量的连续性和准确性，切忌随意找位置量取尺寸。

（3）单位统一

一般统一以"mm"为单位，测量总平面或是构件大样时可另用"m"或"mm"为单位。无论采取哪一种单位，读数人和记数人必须统一，不可因单位的不统一而造成数据错误。同时在草图上标明单位。

（4）尾数的读法

读取数值时精确到小数点后一位。位数小于2省去，大于8进一位，2～8按5读数。例如：实际测得的43.7 cm读数为43.5 cm，25.9 cm则读为26 cm，30.2 cm则是30 cm。

（5）尺寸标注

标注尺寸应有秩序，同类构件的尺寸在构件的同一侧按同一方向标注，不同构件的尺寸可沿同一条建筑轴线（柱中线）标注，不能忽左忽右、忽上忽下地随手乱记。

（6）避免重复测量

有些构件的同一尺寸往往在多个草图中都需要，因此测量时可在这些草图中同时标注，避免重复劳动，同时要注意因此而导致的尺寸漏测。

5.1.2 单体建筑测量方法

1）测量的基本方法

①测量由2～3人配合进行。一般来说，勾画草图者作为记录人，是测量的主导者。当测量较大尺寸时，由前、后尺手操作，后尺手将卷尺的零点固定在起测点上，前尺手拉尺前行并读数，同时向记录人报数，情况较复杂时可适当增加辅助人员；当测量较小尺寸时，由一人持小钢尺测量，并向记录人报数即可。记录人应边听边记录边出声回报，以减少听错记错的机会，同时回报也是向对方发出继续读数的信号。

②连续读数。在可能的情况下，同一方向的成组数据必须一次连续读数，不能分段测量后叠加（图5.4）。这样不仅提高了效率，而且减少了误差的积累。同理，测量中凡能直接测量的数据必须直接测量，不可分段叠加。

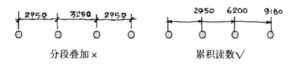

图5.4 连续读数示意

③测距读数是务必统一单位，只报数字，不报单位，以免记录时产生混乱。

④在测量水平距离和垂直距离（高差）时，尺面的水平或垂直状态只需目测即可。

⑤所用皮卷尺要注意比长，也就是找出皮尺拉紧后其名义长度与实际长度的关系，必要时将所有皮尺测量值按比例进行尺长改正。

⑥不能直接量取时，可用间接方法求算，但必须测取同一部位（图5.5）。

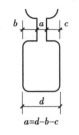

图 5.5　间接测量举例

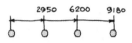

图 5.6　尺寸标注格式

2)尺寸标注

(1)尺寸标注一般格式

测稿上的尺寸标注记录测量数据,格式上与一般建筑图上的标注有很大不同:

①尺寸数字标记在尺寸界限处,表示该点读数,而不是相邻起止点间的长度(图 5.6)。

②尺寸起止点用箭头代替建筑制图中常用的斜杠,表示测量时的起点及连续读数过程中各测量点位置。如图 5.7 所示,尺寸线最下端箭头与其他箭头方向相反,表示测量的起点。若起点为卷尺零点则标为"0";如不是零点,则写出相应数字。

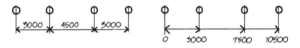

图 5.7　尺寸标注举例

③标注用笔宜与图线颜色不同。

以下要求与一般建筑制图要求一致:

a.除标高(高程)单位用 m 外,尺寸单位一般采用 mm,书写时省略单位。

b.关联性尺寸应沿线或集中标注,不许分写各处,更不许分页标注。无规律地标注极易造成漏量、漏记,影响工作效率和成果质量。

c.文字方向一般随尺寸线走向写成向上或向左,不许颠倒歪扭。

(2)构件断面或形体尺寸的标注

可以对一些构件的断面或形体尺寸进行简化标注,本教材约定如下:

①梁、枋等构件的断面尺寸:厚×高(图 5.8)。

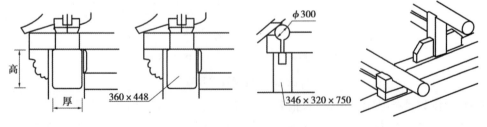

图 5.8　构件断面及形体尺寸简化标注举例

②按制图标准要求,对确认为圆形断面的构件标注直径,在数字前写 ϕ;标注薄板厚度时在厚度数字前加"t"。

③瓜柱(蜀柱)类:看面(宽)×垂直面(厚)×高。

④柁墩、角背、替木、驼峰等构件:长×高×厚。

3）曲线、异形轮廓及艺术构件测量

中国历史建筑中往往包含许多曲线形式,如屋面曲线、屋脊曲线、山花轮廓,以及券门、券洞等,可采用定点连线方法求得。

（1）定点连线

所谓定点连线,就是测定曲线起止点及中间若干特征点的位置,然后利用这些点得到一条光滑的曲线,使之尽量接近或通过所测特征点（图5.9）。屋面、屋檐和檐口曲线及山花轮廓、券洞等都可采用此法。

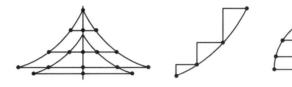

图5.9　曲线测量

对一些相对较小的构件,采用雕、塑或类似方法制作,轮廓复杂或者纹样丰富,称为艺术构件,如瓦顶上的吻兽、脊饰、梁架斗拱中的麻叶头、菊花头等以及其他带木雕、砖雕、石雕的构件等。这些曲线纹样或者轮廓需要特殊的方法测量。

（2）拓样

对于异形轮廓或雕刻较浅的纹样,最好进行实拓,然后利用拓样量测数据,或者描画,效率和精度都很高,尤其是因遮挡关系无法正面拍摄照片的部位务必实拓。请注意,务必测定所拓构件本身的定位尺寸及其与相邻部位的交接关系。

这里所说的拓样是一种简易方法,主要工具是宣纸和复写纸。若材料一时短缺,甚至可以利用旧报纸替代。

拓样的步骤如下:

①将宣纸铺在所拓构件表面,必要时可用胶带纸粘牢固定。

②大致按纹路走向,用手摸索着把纸按压在构件表面,使之"服帖"。

③取复写纸揉成小团,按轮廓或纹样走向在宣纸表面上轻擦,扪取拓样。

④拓完后,必须当场参照实物用粗软的铅笔或马克笔在拓样上将纹样描画清楚,以避免局部拓样不清造成的疏漏。

（3）简易摄影测量

对于带浅浮雕（如吻兽、脊饰上的雕花）或面积大、数量多（如照壁砖雕）的艺术构件,一般采用"简易摄影测量"的方法。它包括摄影和轮廓尺寸测量两部分。

摄影器材可使用传统相机、不低于500万像素的数字相机,以及三脚架等辅助工具。最好使用专业单反数字相机,配置长焦镜头。拍摄时力图使透视变形减少到最小,要求做到:

①尽量使用长焦镜头。

②尽量正对拍摄对象,即相机光轴与所拍摄的平面尽可能垂直。如果现场条件不允许,也只能在一个方向上有一定倾斜。

③必须测量所有拍摄对象的控制性轮廓尺寸,如最宽、最高、最厚尺寸,这是摄影本身不可代替的。

现场拍摄、测量工作完成后在计算机上进行简单的图像纠偏,可作为图像资料存档,也可

依此在 CAD 软件中画成矢量图(图 5.10)。

图 5.10　用简易摄影测量绘制的正吻图样

5.2　各阶段测量工作要点

中国历史建筑的屋顶、屋身、台基和木构架结构使得建筑单体具有独特的建筑造型,尤其使得屋顶样式灵活多样,例如重檐顶、单坡顶、歇山顶等。中国历史建筑独特的造型决定了测绘内容。各测量阶段工作内容要点及要求如表 5.1 所示。

表 5.1

图纸名称	内　　容	要　　求
单体各层平面图 1∶50～1∶100	测量建筑的开间、进深、墙厚,表示出台明、踏步、柱子等的位置和尺寸以及地面的铺装方式	如果有室内家具、雕塑、石碑等标出它们的位置和形状,并加以文字说明
单体立面图 1∶50	测量建筑立面主要构件的尺寸,除了屋身的高度、长度等,还有斗拱层的高度、檐部的厚度等尺寸	注意正脊、鸱尾和垂脊及排山勾滴的交接关系和数目,有悬鱼、惹草时应附大样;注明瓦陇、瓦沟与飞椽、檐椽的个数,正确表达各种瓦件,各种样式的版门、格扇等
单体剖面图 1∶50	剖面图的测量是在立面图的尺寸基础之上,着重表达屋架的结构形式	注意歇山和悬山屋顶的山面出际部分,注意排山沟滴、山花、博风板、悬鱼、惹草之间的相互关系。内檐和外檐装修部分
节点大样 1∶10～1∶20	历史建筑大样图主要包括斗拱、月梁、角梁、藻井等大样	大样图的绘制一般包括三个视图:正视图、侧视图和仰视图
梁架仰视图 1∶50	记录梁、檩、枋、板、椽等构件以及斗拱布置方式、数量、相互之间的组合关系	正确表达各构件间的相互关系

5.3 单体建筑平面的测量

5.3.1 单体建筑平面图

根据建筑物的现状绘制平面图,若为楼房,则应绘制各层平面图。图中应表达清楚柱、墙、门窗、台基等基本内容。铺地、散水及台基石活要反映出铺装规格,一般宜从定位轴线入手,然后定柱子、画墙、开门窗,再深入细部。

1)主要测量内容

底层平面测量时要遵循先控制后细部的、从整体到局部的原则,分清先后主次,不可因小失大。

平面测量内容的控制性尺寸包括:台基总尺寸(宽、深、高)、柱网尺寸、墙体总尺寸、出檐尺寸、翼角尺寸(如翼角曲线、翼角椽及翘飞椽的规律和尺寸,角梁水平投影尺寸)。

平面测量内容的细部尺寸包括:柱子细部(柱径、柱础、侧脚、收分等)、墙体细部尺寸(如墙厚、墙体与柱子或门窗的交接部分,如柱门、气孔等)、门窗尺寸(如槛框、门扇、门轴、槏)、台基地面细部尺寸(如踏跺、地砖、阶条石、槛垫石、门心石等)、栏杆、栏板、周边道路、散水及与其他建筑交接关系等,以及其他尺寸。

2)测量步骤举例

下面以一座清代单檐歇山建筑为例,介绍大致步骤。

第 1 步:台基总尺寸、柱网、墙体的总尺寸、定位尺寸等(图 5.11)。

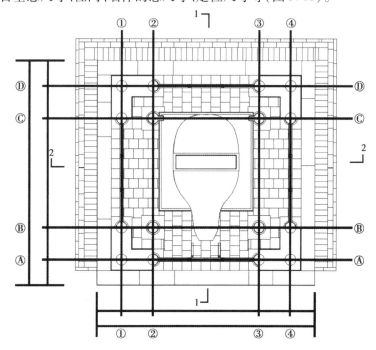

图 5.11　总尺寸和定位尺寸的测量示意图

第2步:选择特定部位或典型部位测量墙、柱的细部尺寸,如柱径、柱础的各部尺寸,柱与门窗的交接部分、山墙与院墙交接部分的尺寸等。以上内容均包括在地面是可测量的竖向尺寸,如柱础高度、槛墙高度、山墙及檐墙下碱、透风眼等。

第3步:台基、地面的高程和细部,包括踏跺、阶条、角柱石、台帮、铺地砖石、散水及与道路的交接关系,附属文物如碑刻等。

第4步:测檐出尺寸和翼角起翘尺寸,主要通过测定檐口上特征点的平面坐标和高程确定。

3)测量方法和技巧

(1)台基总尺寸和柱网尺寸

测定台基总尺寸和柱网定位轴线尺寸相当于控制测量。也就是说,可参照它们来测量其他部位的定位尺寸,因此,测量时应格外严格、谨慎。

测量之前,应先找到待测柱子的中心线(点),用粉笔标出,选用钢尺沿面宽或进深方向进行测量,按照连续读数法读数,测得通面阔、通进深及台基总尺寸,以及各间面阔、进深等定位尺寸。

关于柱中的确定,首先应当认识到并不是每根柱子都能找到柱中,一时难以确定的应测量其相关特征点,如与柱子相交接的门窗槛框、柱础、墙体、铺地砖等。

确定柱中大致有以下几种情况:

①柱础十分规整,且柱根与柱础中心一致时,可用柱础中线代替柱中线进行测量。而一旦发现柱子和柱础存在偏差,则不可勉强采取此法。

②两柱完全露明时,也可用细线在两柱间紧贴柱根拉标志线,再利用角尺和直尺确定柱子两侧四分点在标志线上的投影,从而确定柱中。这种方法可同时测出柱径(图5.12)。

利用角尺将点 A 投影带标志线上,得到 A′。测量柱两侧标志线间距离,即为柱径 D。

再利用较长的直尺和角尺得到点 B 的投影点 B′,测量点 A′、点 B′间距离,即为柱径 D,求出两者中点 M,即为柱中。

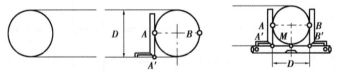

图5.12 确定柱中和柱径图示

③如果柱身一部分隐入墙内或安装了门窗,绝不能简单根据露明部分确定柱中。可按以下方法确定柱中:

a.柱子两侧完全对称时,可大致按露明部分中点确定柱中。

b.柱子未发生倾斜、柱身上半段露明,且两侧对称时,可设法从柱顶中线或柱身中线向下引铅垂线直接确定柱根的柱中,或者从相关特征点向下引铅垂线,在地面上求出中点。但遇有柱子有侧脚或走闪过大,均不宜使用此法。

c.柱子包砌于墙内但留有透风眼时,可先按透风眼大致确定柱中。所测数据如能与相关数据校核一致时,可采用;若无法校核时,必须在图上特别注明,待有条件直接测量时再进行修正。

④柱身完全包在墙内时,作如下处理:

a.如有金柱(内柱)与檐柱相对应时,可根据金柱柱距推算;

b.无金柱时,可测量柱头之间的中距,再结合取得的尺寸(如前檐各间的面阔),并充分考虑柱子的侧脚和生起,经过分析研究后确定。凡是推算得出的结果,必须在图上特别注明,待有条件直接测量时再进行修正;

c.根本无从推算时,可只画墙,不画柱子。定位轴线暂按墙中线定,并在图上加以特别说明,待有条件直接测量时再进行补测。

(2)柱径

一般情况下,木柱的柱径从柱根到柱顶是逐渐收小的,因此,柱径的测量至少应包括柱底柱径和柱顶柱径。注意:平面图上的柱子断面习惯上按柱底直径画,而不是剖切位置的柱径。

①圆柱柱径的测量,具体采用以下几种方法:

a.用卡尺或利用水平尺、角尺(三角板)组成临时卡尺进行测量;

b.两相邻柱子完全露明且柱径相等时,可利用细线缠绕的办法直接测得柱径;

c.柱子断面基本是正圆时,用皮尺量取周长推算,此法主要用于校核直接测量的结果;

d.不能直接测量时,如柱身与门窗槛框相连时,可间接量取(图5.13)。

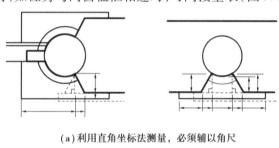

(a)利用直角坐标法测量,必须辅以角尺

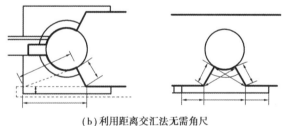

(b)利用距离交汇法无需角尺

图5.13 墙柱节点测量举例

②六角柱、八角柱的测量

六角柱、八角柱应视为方形断面倒角后的结果,因而很有可能并非正六边形或正八边形,因此应用连续读数法测出总尺寸及倒角尺寸。

(3)柱础

鼓镜(圆形部分的)的直径可通过测量其与柱径之差来确定,但前提是鼓镜与柱子较规整,且圆心重合;否则,可依据础方尺寸间接求得。柱础高度则辅以水平尺测得。如柱础是较复杂的几何形体并有莲瓣等各种雕饰时,可利用实拓或摄影方法辅助测量。

(4)墙厚

墙厚在历史建筑中往往不是一个数字,而是包括墙体下身厚度、上身厚度及收分尺寸等一组数据。

有门窗洞口的墙体,通过墙上的门窗洞口可直接测得墙体厚度,只是有时必须辅以水平尺。若墙面平整无收分,一般平直的木棍,甚至制图工具中的一字尺、丁字尺或平整的图板都可以作为代用品。

无门窗洞口的墙体无法直接测得墙厚,必须采用间接方法。两山墙外皮间距减内皮间距的一半即为山墙厚度,但此法不适用于两山墙不对称的情况。也可以利用柱中画线,测出内外墙面距离之差即为墙厚。

(5)墙与柱交接处节点

测定墙体转折及柱子露明部分的细部尺寸。可采用直角坐标法,必要时辅以水平尺、三角板等[图5.13(a)]。也可采用距离交汇法,无须角尺,更显简便[图5.13(b)]。

(6)铺地

对室内、台明和散水范围内及相接甬路上的各式铺地砖和地面石活,除测量本身尺寸外,还应找到规律,测出定位尺寸,必要时还要摄影、拓样。

注意:与按一定规格烧制的砖不同,同类石材的尺寸也会不同,如阶条石的宽基本一致,但长度一般都不同,务必逐一测量。

(7)踏跺

踏步必须分别测量每步踏跺的宽、高尺寸,不能假定每步尺寸相同,平均取值;同时,务必测量所有踏步的总高和总宽,用总尺寸校核分尺寸(图5.14)。

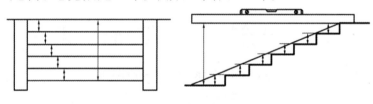

图5.14　踏跺的测量

(8)出檐

出檐部分的尺寸包括这些特征点(图5.15)的高程及其平面位置。高程测量的方法参见第2章相关内容。可采用直接测量垂直距离的方法,必要时辅以水平尺,有条件的也可以使用激光标线仪。使用水准测量仪时,地面点使用水准尺读数,高处的特征点则仍利用悬垂的钢尺读数。

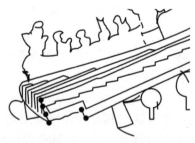

图5.15　出檐特征点

测定特征点的水平位置,则需要先将它们投射在地面上,然后测量其相对于台明外缘或檐柱的水平距离。若上述部位不平整时,可另做标志线。

常用的投射方法是使用挑竿(图5.16)。若所测部位较高,可将卷尺头用胶带固定到竹竿端头(注意零刻度位置),借助竹竿延伸支挑到所测部位,卷尺尽量与地面垂直,然后在地面上读数。或者使用垂球,细线上端直接接触特征点下端悬挂垂球,并使之尽量接近地面,待逐渐稳定后,用粉笔按垂球尖端所指位置在地面上画 V 字形标志。V 字的尖端与垂球尖端正对。但要注意:室外风力较大、致使垂球无法稳定时,不能勉强测量。

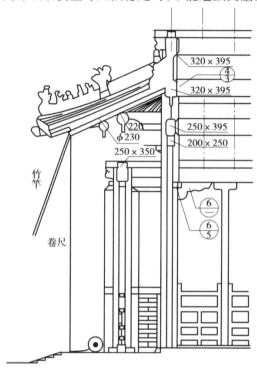

图 5.16　特征点高程测量示意图

若配备激光标线仪,则可利用上下激光束定位,操作简便,精度更高,且完全是地面上操作,无需登高。

(9)翼角起翘

翼角起翘测量也是测定特征点的平面位置和高程,方法上与出檐尺寸类似。一般选取状况良好的典型翼角,以角梁为对称轴,取其中一侧,按图 5.17 逐一测量各特征点的平面位置和高程;对称的另一侧仍需测量以校核是否对称,可相应减少特征,但一旦发现明显不对称,所有相对应的特征点都需测量。

注意:特征点投射到地面后,其平面位置需用二维坐标确定,故而要从两个正交方向测量其与台基外缘的距离。

(10)柱高、生起、侧脚

与柱高相关的尺寸有:一是柱子的自身长度,二是柱顶的实际高程。前者直接从柱顶量至柱根即可,后者则按一般高程测量原则和方法进行测量。如遇柱子因柱根朽烂而下沉,测得的柱高与对应位置其他柱高相差悬殊时,应综合分析研究,一般可取各类柱子的最大尺寸为准。

生起的测量:平柱与角柱之间的檐柱自平柱向角柱逐渐加高,使檐柱上皮成一缓和的曲线,这种做法称为生起。正常情况下,如柱子无沉降走闪,生起尺寸可将相邻檐柱的柱高逐渐

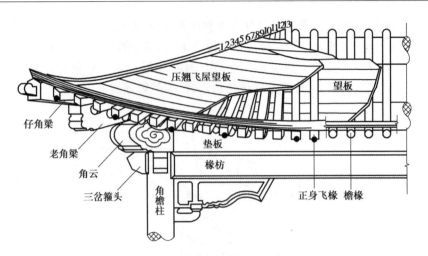

图 5.17　翼角起翘特征点示意图

相减求得。若柱子已下沉,须待其准确柱高测得后,再据此计算出柱生起的尺寸。

侧脚的测量:侧脚指外檐柱子略向内倾斜的现象。由于柱子本身除设计上需要倾斜外,还可能因年久失修而发生走闪,沉降的变形,因此侧脚的确定较为复杂。最好的方法是用建筑物的柱顶平面和柱根平面综合分析、比较推算。为了核对和验证所得的数据是否准确可靠,可以单独测量一二根柱子的侧脚。

单根柱子的倾斜情况也可以利用垂球测量。垂球细线上端的位置可有若干:a.柱顶边缘;b.倾斜方向上的任一点;c.与柱头相连的额枋中线上。根据不同数据均可得出柱顶相对柱底的偏移量(图5.18)。

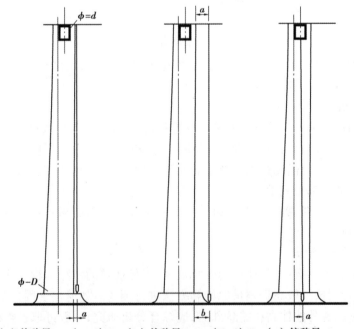

（a）偏移量=$a+(D-d)/2$　（b）偏移量=$b-a+(D-d)/2$　（c）偏移量=a

图 5.18　单根柱子倾斜的测量

5.3.2 屋顶平面图

1)主要工作内容

屋顶平面图的测量是在屋面以上完成的测量工作,主要测量内容如下:

(1)控制性尺寸

①屋面的平面总尺寸(也可在地面上投影测得)。

②重要控制点高程(如最高点、各脊最高点或起止交接处、檐口、翼角等)。

③屋面曲线。

④各屋脊的定位尺寸和屋脊曲线。

⑤各吻兽的定位尺寸。

(2)细部尺寸

①各屋脊、天沟断面尺寸。

②吻兽轮廓尺寸(包括吻座详细尺寸)。

③山花细部尺寸。

④其他瓦件的细部尺寸。

⑤与其他建筑的交接关系。

2)测量步骤举例

第1步:总尺寸、重要定位尺寸及高程。屋面的总尺寸可将特征点投射到地面测量,定位尺寸包括两垂脊间距,两戗脊起始端间距。

第2步:屋面曲线、屋脊曲线。

第3步:各脊断面、吻兽及各类其他瓦件细部尺寸。注意:屋脊断面有变化的,应分别测量。

第4步:搏脊、山花部分。测出搏风板曲线、厚度,山花图案,搏脊的定位尺寸、断面和挂尖细部尺寸。

3)测量技巧

(1)屋面曲线和屋脊曲线

利用水平尺和垂球,沿筒瓦测得屋面曲线上的一系列特征点的水平位置和高差,用定点连线的方法即可还原出这条曲线。测量时需注意:

①必须交代清楚曲线起止点的位置及其定位尺寸。

②带翼角的屋面,需选择一垄不在起翘范围内的瓦垄进行测量。

③由于各点位置是分段测得的,故必须与其他方法量取的数据进行校核:水平总尺寸与柱网及上檐出尺寸校核,起止点高差要与仪器测得的高程校核。

此法也适于垂脊、戗脊等的屋脊曲线(图5.19)。如正脊存在生起,可在正脊两端拉细线,量取正脊中点与细线的高差即可。有条件的应当用仪器测量。

(2)脊的断面

可用水平尺配合小钢尺,细心测量出线脚上各个转折点、特征点的水平位置和高差,即可得到断面的轮廓(图5.20)。测量垂脊时,应连带测出内外瓦垄和排山勾滴的细部尺寸,但注意其剖切方向是垂直于垂脊本身,而不是铅垂方向。

（3）吻兽的定位尺寸和轮廓尺寸

以正吻为例,除测出正吻的最大轮廓尺寸外,还应测出其定位尺寸,如通过与垂脊的关系确定平面位置,通过与正脊的关系确定高程等。另外,所有吻兽都应单独测出其吻座和兽座的尺寸。

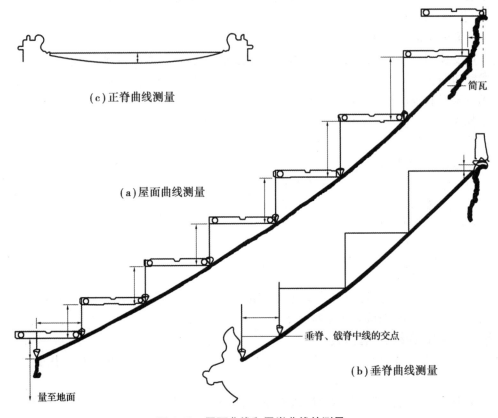

（c）正脊曲线测量

（a）屋面曲线测量

简瓦

垂脊、戗脊中线的交点

（b）垂脊曲线测量

量至地面

图 5.19　屋面曲线和屋脊曲线的测量

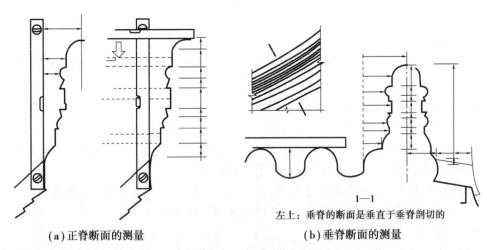

1—1

左上：垂脊的断面是垂直于垂脊剖切的

（a）正脊断面的测量　　　　　　　　（b）垂脊断面的测量

图 5.20　屋脊断面的测量

5.4 单体建筑剖面的测量

剖面图主要反映建筑的结构和内部空间,一般包括各间横剖面图及纵剖面图。对于典型的矩形平面来说,横剖面、纵剖面有如下区别:

①横剖面图的剖切方向与矩形平面的长方向(一般为建筑正面)垂直,一般向左投影。至少应有明间剖面和稍间剖面;如果各间不同,每间都应有横剖面图。

②纵剖面图的剖切方向与矩形平面的长方向(一般为建筑正面)平行,投影方向向后,如前后有异,则画前视、后视两个剖面。纵剖面图实际剖切位置参见图5.21。

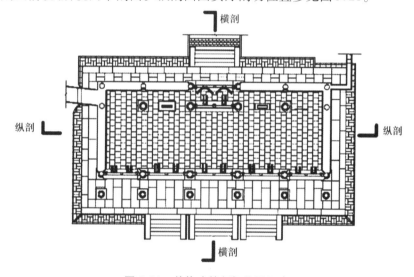

图 5.21 单体建筑剖切位置示意

5.4.1 单体建筑横剖面(沿进深方向的剖面)

单体建筑横剖面包括各个开间的横剖面。当建筑物各个开间的结构做法基本一致时,只测量当心间和稍间的横剖面就可以满足要求(图5.22)。

图 5.22 单体建筑横剖面图

剖切正脊时,表明正脊的构成(脊砖或是瓦条叠砌等)、正脊和筒瓦(一种横断面为半圆形的瓦,用于宫殿、寺庙及官宅,民间建筑一般是不能用的)或板瓦(横断面小于半圆的弧形瓦)的交接关系。

5.4.2 单体建筑纵剖面

单体建筑纵剖面通常只需要测量后视纵剖面(图5.23),当建筑物的梁架结构前后差异较大时还要增加测量前视纵剖面。

①在纵剖面的内容中要注意歇山屋顶和悬山屋顶的山面出际部分。

②有藻井时,必须增加专门的大样,在剖面中不需要表示细节,只表示在整体构架中的位置与轮廓即可。

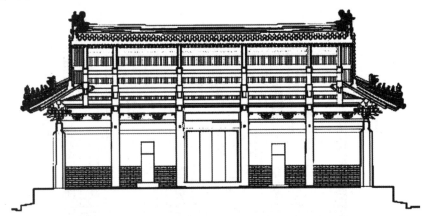

图5.23 单体建筑纵剖面图

1)主要工作内容

在测量了平面和屋顶平面后,剖面所需要的主要结构尺寸都已具备,如脊高、屋面高度、檐部高度、檐口高度、斗拱层高度、柱高及柱径、台基高度等。这时只需要仔细校对补测一些剖面中需要的尺寸。

(1)控制性尺寸

①举架尺寸(包括各檩高程、水平间距)。

②梁枋定位尺寸。

③角梁定位尺寸。

④翼角瓦定位尺寸。

(2)细部尺寸

①各梁、枋、檩、椽的断面尺寸,檐口处细部。

②斗拱尺寸。

③屋面檐口、翼角瓦作细部尺寸。

(3)其他

其他如铺装尺寸、装饰尺寸、雕花尺寸等。

2)测量步骤举例

考虑到剖面的测量工作不如在地面上测量时灵活自如,因此测量步骤应适当考虑实际可行性,分为几处节点进行测量。

第1步:廊内梁架尺寸,包括正心桁、挑檐桁高程及断面尺寸,檐柱柱顶柱径、各梁枋定位、断面及出头部分尺寸,斗拱定位尺寸及细部尺寸,檐出部分椽子及连檐细部尺寸,雀替、门窗及墙体上部尺寸等。

第2步:下金桁及相关梁枋尺寸,包括下金桁高程及断面尺寸;梁枋、垫板等定位及断面尺寸;金柱上部尺寸等。

第3步:上金桁及相关梁枋尺寸,包括脊桁、上金桁、下金桁水平间距(步距),上金桁高程及断面尺寸,梁枋、垫板等定位及断面尺寸,瓜柱尺寸等。

第4步:脊桁及相关梁枋尺寸,包括脊桁高程及断面尺寸;梁枋、垫板等定位及断面尺寸,瓜柱尺寸等。

第5步:歇山部位的各种数据,包括采步金的定位和断面尺寸,收山、山花板、搏风板、踏脚木、草架柱等尺寸。

第6步:天花及其他较高部位装修尺寸,如天花、藻井等。

3)测量技巧

(1)举架

凹曲屋面是中国古代建筑最显著的特征之一,而屋面曲线则取决于一系列椽子所形成的折线,即所谓的举架或举折。想要描述折线各段的倾斜程度,就必须测量各段的水平长和竖向高差,也就是各桁檩的水平间距(步距)和竖向高差(举高)。因此,步距、举高就成为梁架测量中最关键的数据。

首先,不能主观认为各桁檩的水平间距是均等的,必须逐一测量。测量时可借助垂球将个桁檩的中心位置垂直投影到相应的水平面上测量,如本例中的五架梁(图5.24)。

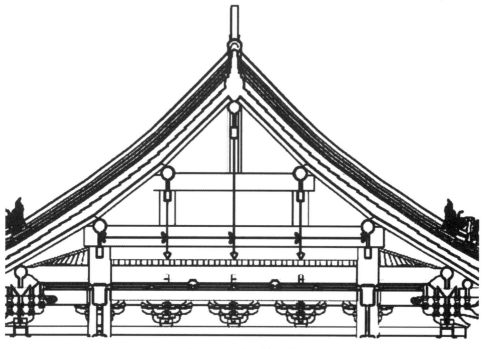

图5.24 步距的测量

测量各桁檩高程时,均应从檩的下皮和上皮直接测量到地面,并在地面上做好标记,然后用水准仪测出地面各对应点的高差加以修正。或者可将皮尺或钢尺垂下,直接用水准仪或激光标线仪读数。实在无法垂到地面时可分段测量;尽量选取某一方便位置如五架梁下皮作为基准面,然后测量各点与它的相对高程,再根据五架梁下皮的高程计算其相对于地面的高程。

(2)桁(檩)径

桁或檩的断面尺寸包括上下径和左右径。一般来说,左右径大于上下径,这是因为如果檩子上、下有构件相叠时,需将上、下皮砍平(形成所谓"金盘"),也有的檩子断面本身就不规整。上下径可以通过测量上下皮高程求得,测量左右径时,可在檩的两颊面中央各挂一个垂球,量取两垂线时间的距离即可,或者将水平尺和垂球组合使用(图5.25)。如果檩子有出头露明部分,可在出头处直接测量。

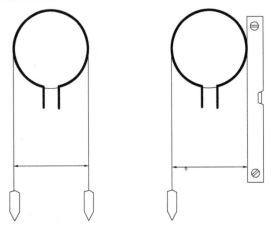

图5.25 桁檩左右径的测量

(3)梁枋断面和细部尺寸

可借助水平尺、角尺、垂球等辅助工具加以测量,并尽量测出断面的倒角尺寸。有些倒角(特别是圆角)很难判断,或其断面极不规整,可用细铁丝取样,再将曲线描画在纸上(图5.26)。注意梁头在厚、高上可能均与梁身尺寸不同,必须另行测量(图5.27)。

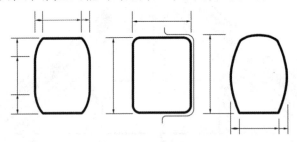

图5.26 梁枋断面的测量

(4)斗拱

斗拱看似复杂,实则规律性非常强,把握住这些规律,测量工作就能事半功倍。在清官式做法中,斗口是斗拱的基本模数,所以首先要测定斗口的尺寸。应量取若干不同位置的斗口,按"少数服从多数"的原则确定斗口数值[图5.28(a)],然后从高、深、宽3个方向量取斗拱构件的定位尺寸和细部尺寸。所谓定位尺寸包括材高、拽架、拱长等。

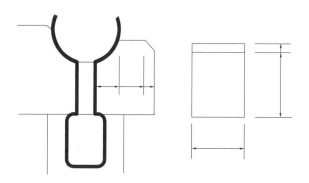

图 5.27　梁头的细部测量

材高图[图 5.28(b)]:竖向上应先测出斗拱的总高,然后用连续读数法测出相应翘(昂)、耍头的高度,综合分析这些高度可确定材高。

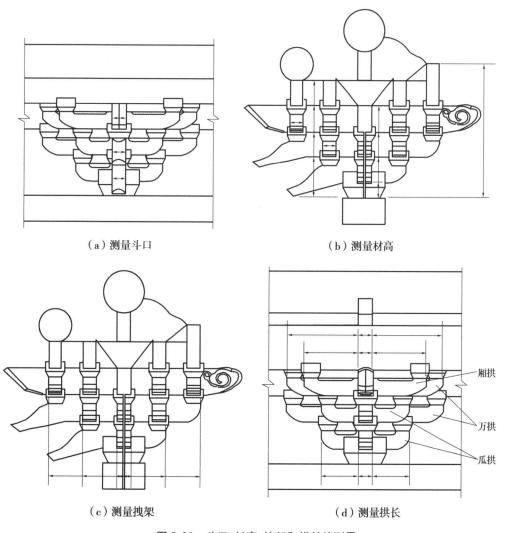

（a）测量斗口　　　　　　　　（b）测量材高

（c）测量拽架　　　　　　　　（d）测量拱长

图 5.28　斗口、材高、拽架和拱长的测量

搜架[图5.28(c)]:利用水平尺或小钢尺读出每一跳的出挑尺寸,可统一测量各跳拱的外皮间距,代替中-中间距。

拱长[图5.28(d)]:逐一测量瓜拱、万拱、厢拱的长度。如果可能应测量拱的全长,但一般情况下只能分别测出拱的左、右长度,再加上斗口尺寸定为拱长。因左右拱长度不一致的情况并不少见,所以两侧均要测量,不允许简单用一侧拱的长度代替另一侧长度。

对轮廓较为复杂的拱、昂、耍头等构件,主要利用拓样测量。但要注意:拓样只是反映了构件平面部分的轮廓和图案,对于蚂蚱头、麻叶头等构件,必须分清可拓部分和不可拓部分,后者尺寸必须现场测定。另外,还要测量坐斗和各类小斗的细部尺寸。

5.5　单体建筑立面的测量

建筑物立面测量是对建筑物外貌和形状的精确反映,是建筑物不同立面正投影的精确测量,进行建筑物立面测量工作一般反映建筑物外貌、高度、外部装饰和艺术造型,对建筑物屋面、台阶、阳台和门窗等部位位置和形式有准确的体现和描述。

当不同建筑交接在一起时,比如正房两山接廊子或耳房时,其侧立面其实是廊子或耳房的剖面图,其他情况类同。每个单体建筑至少要有两个立面——正立面(朝向院落的)和侧立面。位于中轴线上的重要单体建筑,如门、中心殿堂等还需要增加背立面。

立面图可以分为:投影立面图,包括正立面(图5.29)、侧立面(图5.30)和背立面;朝向立面图,包括东立面、南立面、西立面和北立面。

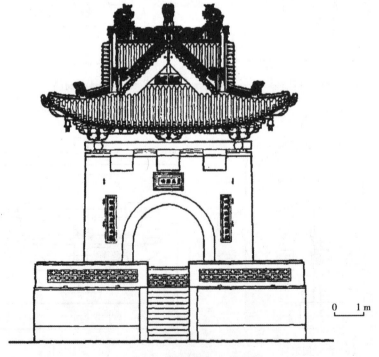

0　　1 m

图5.29　单体建筑正立面图

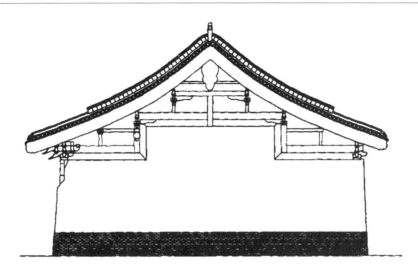

图5.30 单体建筑侧立面图

平面图在测量过程中,反映的是建筑物的长度和宽度,还不能全面反映高度。当然在平面图的测绘过程中,对柱子、屋面等关键控制点有所涵盖,因此在立面测量过程中,应结合平面测绘相关内容进行记录。在测量了横剖面、纵剖面之后,立面所需的主要结构尺寸都已具备,如脊高、屋面高度、檐部高度、檐口高度、斗拱层高度、柱高及柱径、各层额枋高度、台基高度等(图5.31)。只需要仔细校对补测一些立面中需要的尺寸。

(1)控制性尺寸

①台基总尺寸(宽、深、高)。

②屋面总尺寸(长、宽、高)。

③屋面曲线(测绘方法详见屋顶平面测绘相关内容)。

④吻兽的定位尺寸。

(2)细部尺寸

①柱子细部(柱径、柱础、侧脚、收分等)。

②门窗尺寸(格扇、板门,包括铺首、门环、门钉、门簪、角叶等)。

③建筑物的台阶。

④建筑物上悬挂的匾额、楹联等。

⑤斗拱尺寸。

因为任何一个构件都是三维立体的,在平面的测量中,相关构件已经取得具体的测量数据,因此立面中相关构件具体测量方法详见平面图测量中的相关内容,在此不作赘述。

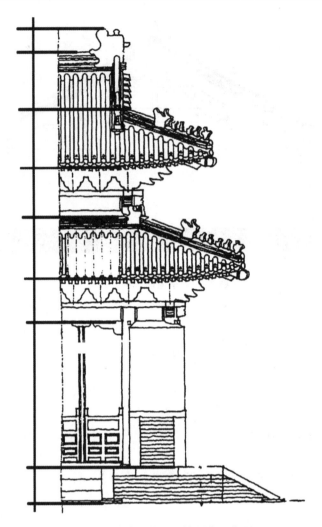

图5.31　单体建筑立面控制点示意图

6

总平面测绘

对于总平面设计而言,在进行测绘之前,需要做控制测量,包括平面控制测量和稿成控制测量,这需要大量的精密测量仪器和相对专业的人员来进行专门的测绘工作,本书主要介绍针对大多数人在简单测量条件下具有较强实施性的测绘方法,因此省略前期控制测量的介绍,只做简易测量方法的介绍。

6.1 总平面测量的基本原则和方法

6.1.1 总平面测绘的内容

总平面测绘的内容一般是指所确定的测绘对象的绝对保护范围内的各种建筑物和构筑物,包括院墙、牌坊、廊道、道路、庭院、古井、古树等。此外,建筑物周围的地形地貌特征也应该做适当的记录。

建筑群体中的一些附属建筑,或无需测量平面和细部的单体建筑物可以作为总平面测量的内容一并记录,无须再单独测量。需要测量的建筑物和环境在绘制总平面草图时可仅作示意,只需要将其与周围建筑和环境的相对位置测量准确,绘制正式的总平面图时再将该单体建筑的平面补画进入。

6.1.2 总平面测量的基本原则

总平面测量时应遵循"从整体到局部,先控制后碎部"的原则,也就是测量由整体开始,测量由控制测量开始,先建立针对测量对象的完整控制系统,再进行碎部的测量,并且由高等级到低等级逐渐细致加深进行,直到细部乃至各部位构件的测绘。

6.1.3 总平面的测绘方法和流程

1)测绘方法

本书主要讲解测绘精度要求不高的情况下的简单测绘,利用简单的测绘仪器即可完成的测量工作,这时候可利用钢尺或皮尺,结合激光测距仪等工具,采用简易的距离交会的方法测量建筑的总平面图。这种方法具体是在测量范围内,选取两点作为控制基准点,测量这两点之间的距离作为基线,然后以此为基准测量各碎部点,这些碎部点的位置都由这两点之间的基准线控制得到。对于较为复杂的平面形式或多进院落,可选择一条贯穿院落的场基准线作为控制线,在这条长基准线上视情况增加多个控制基准点(图6.1)。

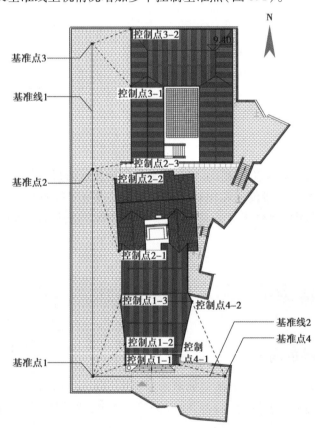

图6.1 利用基准点和基准线测总平面

2)测绘流程

(1)踏勘现场,确定测绘方案

到达测绘现场之后,要先踏勘现场的地形和环境条件,分析测绘工作的难易程度,确定初步的测量方案。选定合适的基准点和基准线,确定测量顺序,按照"从整体到局部,先控制后碎部"的原则逐点进行。

(2)布设控制点

选择需测量与基准点之间距离的点称为控制点,基准点与基准点之间的连线称为基准线,控制点与基准点、控制点与控制点之间的连线称为导线。控制点的布设应和总平面图草图绘制同时进行,在草图上标明控制点的位置和需要测量的地物和地貌特征点,并且将选定的基准控制点标注出来,一般以下部位宜选为控制点:

①建筑单体的轮廓边界线的交点,即建筑的平面角点。

②单体建筑与建筑之间的交接处,必要时可作局部放大图。

③道路位置和不同类型铺地范围的分界线。

④围墙转角处,注意围墙需测量其墙厚,在勾画草图时用双线表示。

⑤测量范围内的其他重要地物的位置点,如碑刻、照壁、古树等。

需要注意的是,选定的测量控制需要同时在草图和实际地形中标注出来,实际测量控制点可直接画在地面,不能直接画出来的情况可采用木桩或石子定位标注。地面控制点和草图中的控制点必须一一对应,并且编号标注说明。在遇地形有明显高差时,控制点除了要标注位置坐标以外,还需在整个测量工作中选定统一的相对标高系统,通常以其中一间室内地面为±0.000,其他房间和室外的所有点都以该地面为准标注相对高度。

(3)准备仪器开始测量

根据测量任务准备相应的测量仪器和工具,在测量前需要对仪器进行检验、校正,查看仪器是否有破损,以确保测量设备的正常使用。开始测量前对初步方案细化制订测量方案,包括确定测量方法、测量顺序、精度要求、人员组织、工作分配等。

①测距:在总平面中的距离测量一般用钢尺或者皮尺,根据选定的控制点逐点丈量各连线长度,往返各一次。

②要求:各条边的相对误差不得大于1∶3 000;导线两端的高差较小时直接采用平量法,高差较大时采用斜量法,然后根据测量的两点之间高差,得出两点之间的水平距离;导线长度过大时,需要在其间增加控制点分段定点进行测量;测量时注意钢尺或皮尺必须保持平整直线,不得弯曲打结,亦不可拉伸用力过大造成变形,使测量结果不准确。

③定向:各测量控制点以选定的基准线与导线之间的夹角作为起始方位角,可以利用罗盘仪来确定,测量工具缺乏和精度要求较小时,也可辅助细线利用测角仪来测定方位角大小。

(4)碎部测量

采用标记法测量碎部点,必须边测量边在草图上标注说明,同时记录相关测量数据。注意草图上的绘制标注的点号要和测量记录一致,在移动测量点时,必须把前一个地点所测得的测点对照实际情况全部清楚地绘制在草图纸上。

6.2 整理测稿

6.2.1 整理测稿

现场的数据测量工作完成之后就开始进入草图的整理阶段,即将记录有测量数据的测稿整理成具有合适比例的、清晰准确的工具草图,作为绘制正式图纸的底稿。这项工作是不可缺少的,因为通过绘制工具图能够发现徒手勾画草图时不易发现问题,如漏测的尺寸、测量中的误差、未交代清楚的结构关系等,也便于大样图和各种图案、纹饰及彩画的精确绘制。所以草图的整理要在测量现场进行,当场发现问题应当场解决。整理测稿的工作最好由绘制草图和标注尺寸的人来进行,以免图纸和数据的遗漏和错乱。

整理测稿之前,需要将各组的测量数据进行核对,即总平面、各层平面、各立面和剖面各组测得的对应数据要相一致,如出现对应数据有较大差异时,必须每个组都分别再测量一遍,直至最终确定准确数据,然后根据精确度统一在测稿上标注校对之后的数据。有了校对之后的统一数据就可以开始将草图整理绘制成比例适当、较为准确清晰的工具草图(图6.2)。

单体建筑立面图1:100

②门大样1:20

图6.2　工具草图示意

1)测稿整理的内容

①图面修整或重画。对原来草稿中勾画有误、交代不清、标注混乱等部位,进行修整或在新的图纸上重画一遍。测稿必须具有一定的可读性,因此修整或重画的时候应注意图面的清晰度和调理,同时要避免修整或抄绘出现错误,修整是尽量不涉及数据的涂改,且要保留原稿,作为测稿附件保存,以便检查。重新誊写数据时,不应改变原有标注格式,以免出现错误时找不到原有数据。

②尺寸排查、核对及修改。各组的测量数据进行核对,出现对应数据有较大差异时,必须每个组都分别再测量一遍,直至最终确定准确数据。

③统一尺寸。统一尺寸的原则:分尺寸服从总尺寸,将分尺寸与总尺寸差值平均分配到每段分尺寸中;少数服从多数,重复构件或结构中许多有相互关系的尺寸,可适当多测量几个或几部分,取多数而定;后换构件服从原始构件;应根据建筑物各部分的原始构件或称"典型构件"定出统一尺寸。

④记录总结测量中发现的结构和构造做法上的特殊问题,可分类列表和利用照片资料进行记录。比如现状的保存完整度、经过修缮的部位、残损情况等。

2)数据成果整理

在对测量值的统计分析基础上,加入建筑学上的判断,对现状尺寸进行必要的取舍、改正,以统一相关联的尺寸,因此历史建筑测绘中的数据成果的整理,包括测量学上的处理和建筑学上的判断两个方面。

(1)测量学上的处理

控制测量的成果是经过严密方法进行误差处理后的数据,较为专业且复杂,在这里不过多说明。对于手工测量碎部的过程,举几个例子加以简单说明:

①建筑总尺寸和柱网尺寸应往返测量2次,最终测量结果取2次测量的平均值。

②建筑某部位的总尺寸和分尺寸都是各自独立测量得到的,当总尺寸和各段分尺寸之和的差值过大时,应分别再重新测量。如果总尺寸与各段分尺寸之和的差值在误差范围以内时,将这个差值平均分配到各段分尺寸中。

③各组分别测得的数据校核误差太大时,应每组再分别返回现场重新测量,最终确认正确数据结果。

（2）建筑学上的判断和处理

建筑学上的判断和处理是指根据建筑设计一般原理及历史建筑的构造特点,对所测得的数据进行核对,并且根据专业判断,对数据进行取舍和改正,最终得到统一的尺寸数据结果。

统一尺寸的对象:

①重复性的同类构件,如斗拱各分件尺寸、地位相同的柱子的柱径及筒瓦、板瓦、勾头、滴水等。

②对称的部位和构件,如面阔或进深中的左右两次间、梢间、尽间的尺寸;对称各间安装的门窗等。

③梁架结构中的控制性尺寸,如各檩的水平距离和高差(步距和举高)、出檐尺寸等。

④反映建筑物结构交接关系的尺寸,如门窗槛框的长度与所在开间的尺寸、瓦垄的垄档、斗拱间距等。

6.2.2　绘制仪器草图

仪器草图是测稿数据核对完毕之后,各组分别绘制的工具草图,作为对测稿的深化和精确化,同时也是正式图纸的底稿和基准,需要做到清晰、细致、准确,并且可以初步确定正式测绘图的比例尺及构图,练习历史建筑各类图纸的绘制方法和尺寸的标注等。

1）绘图工具和内容

仪器绘图的工具是指平时常用的普通绘图工具,包括常用的 HB 和 2B 铅笔、绘图板、绘图纸、胶带纸、丁字尺或一字尺、三角板、曲线板、比例尺、圆规、橡皮等。

仪器草图上必须按规范标注主要尺寸,加粗轮廓线和剖切线,格式可根据绘图习惯灵活制定,但须标明测绘项目名称、测绘成员组成、测绘内容、制图人和日期等信息。

2）绘制原则

测绘图纸的绘制原则同测量原则一样,都是遵循"先整体到局部、先控制后细部"的原则,制图具体步骤同一般制图相似,这对于建筑学专业的学生来说应该是相当熟悉的,但需要注意的是:一张图的大关系确定之后,就立刻另起一张纸画另外一张图,然后再分别深入绘制细部。

3）绘制步骤

对整个测绘项目的所有图纸来说,一般绘制顺序为:总平面→平面→剖面和梁架仰视→立面和屋顶平面→细部详图。如果有多人绘制时,各类图纸也可同时进行。

对于各类图纸来说,一般都是先从画定位轴线开始,这里以平面图为例,对其作图步骤进行简单介绍:画定位轴线→确定柱子位置→画柱子、柱础→画台基轮廓、阶条石等→画踏步、栏杆、门→画石碑、碑座等构筑物→画铺地→标注尺寸→根据制图要求加粗线型→加图框、写图签。

4）校对和修改

在仪器草图绘制过程中发现漏量或者错量的数据时不要急于补测，一般应及时记录下来，待积累到一定数量时统一补测，否则反反复复，影响效率。仪器草图完成后，测绘小组成员应该对照实物，互相校核，同一部位或构件在不同视图中应该一致。校核中发现的问题要分析原因，及时纠正。

（1）图面检查内容

各视图投影关系是否一致或是否正确；所画的仪器草图是否满足建筑构造做法的规律和逻辑，但一切还须以实物为准。

（2）现场校核

现场核对工作应从大处入手，同样遵循从整体到局部的原则，重点观察实物的比例关系和对位关系在图上的反映是否恰当，对图面存在疑惑的部分，必须进行有针对性的核查，排除疑点或修正错误。

（3）补测或复测

可将错漏部分做好标注和记录，待累积到一定数量之后，进行集中补测或复测，以提高工作效率，应注意的是补测和复测的部分应单独记录测稿，不可直接在原来的测稿上进行涂改。

历史建筑测量中的误差

7.1 误差的概念

历史建筑测绘的误差是指测量时所得到的观测值与真实值之间的差值。

1）历史建筑测绘的准确性

历史建筑测绘的准确性是指一个测量值或观察值与它的真实值之间的接近程度。

2）历史建筑测绘的精度

历史建筑测绘的精度是指在对某一个物体的多次观测中,每一个观测值之间的离散程度。以射击为例,说一名选手枪法好(精度高),是指枪数相同时他射中靶心附近的次数比其他人要高,也就是离散程度较低。反之,离散程度较高,则说明选手的枪法较差。

在测绘领域里,"精度"是用来衡量误差分布的密集或离散程度的,所以衡量精度就是研究误差理论。

3）古建测绘中误差的容许值

为了减小误差,提高观测的质量,任何一项观测都规定了误差的容许值,超出容许值的观测值被认为是含有大量系统误差或操作误差的观测值,应剔除或重新测量。

根据测量误差的特性,经大量实验后发现:对一个观测值进行无限多次观测时,大于 2 倍或 3 倍的误差的误差出现的概率几乎为零。因此,就以 2 倍或 3 倍的误差作为测量误差的容许值。

7.2　历史建筑测绘中造成误差的原因

历史建筑测绘中的误差是由多方面造成的,但概括起来主要有3方面:测量仪器设备的不够完善,观测者自身条件的限制及环境因素的影响。除此之外,还有操作误差的影响。

①测绘仪器设备的不够完善是指仪器本身制造上的缺陷和精密程度的限制,如水准仪在制造上不能保证视准轴的严格平行;用厘米分划的钢尺量距时,无法保证毫米读数准确等。

②观测者自身条件的限制是指人的鉴别能力有一定限度,如测量人员分辨力的高低、视觉疲劳的程度、技术熟练不熟练或有一些测绘的不良习惯等因素,使得观测者在测绘过程中读数产生误差等。

③环境因素影响是指观测时空气的温度、湿度及风力、大气折光等因素的不断变化会影响观测者测绘,使观测值带有误差。

7.3　历史建筑测绘中误差的分类

历史建筑测绘中误差按其性质可分为系统误差、操作误差和偶然误差。

7.3.1　系统误差

在相同的观测情况下,对某个物体做反复多次的观测后,如果观测误差的符号及大小是按一定的规律变化或保持为常数时,这类误差称为系统误差。它受环境因素(如空气的温度、湿度和气压等)、仪器设备的完善与否及操作人员自身条件与素质等方面的因素综合影响而产生。系统误差是可纠正的、可预期的、可以算出来的固定产生的误差。系统误差不能通过重复观测加以检查或消除,只能用数字模型模拟和估计。

例如,用一根名义长度为40 m、实际长度为39.99 m的钢尺来量距,则每量40 m的距离,就会产生1 cm的误差;丈量80 m的距离,就会产生2 cm的误差。这种误差的大小与所量的直线长度成正比,而正负号始终保持一致。这种系统误差可以通过计算改正数来减小由于钢尺名义长度与实际长度之间的误差对测量结果造成的影响,即对观测结果进行尺长改正。

7.3.2　操作误差

古建测绘时还会出现明显与实际值不符合的错误,称为操作误差。它多是由于测量人员在使用设备、读数或记录观测值时,由于粗心大意、测错、读错、记错造成,在最后测量成果中应该剔出。例如,读数时估读小数的误差,比如在厘米分划的尺子上估读毫米数时,读数有时偏大有时偏小。一般来说,操作误差可通过重复观测检查并消除操作误差。

7.3.3　偶然误差

在相同的观测条件下,对某个物体做反复多次的观测,如果观测误差的符号和大小表面上没有任何规律性,如正负误差出现频率相同、大误差少、小误差多等,这种误差称为偶然误差。

偶然误差是一种随机性的误差,由一些不确定因素引起的。偶然误差是不可避免的,例如各种测量工作中读数时估读误差。对于偶然误差,只能根据不同测量工作的误差特点来减小它。

7.4 历史建筑测绘误差的类型

7.4.1 历史建筑存在对结构有重大影响的变形及破坏而产生的误差

历史建筑一般由于时间久远,再加上自然环境(风霜雨雪等)的影响,导致长期承受荷载的基础会出现不均匀沉降,建筑构件会发生不同程度的收缩、弯曲等多种变形及其他部位的损坏。

例如:建筑物的转角部分最容易变形,因为这个部位结构复杂、构件多,容易受到外部荷载的影响,所以檐角会塌下。角柱也由于所承受的檐角部的荷载大于其他檐柱,再加上基础的不均匀沉降,容易发生下沉。

遇到这种情况,应按照原有状态测绘,选择若干个同类构件进行测量和比较,反复多次出现的数据作为这类构件的统一尺寸,决不能将这些尺寸的平均值作为统一尺寸。当然,还可以根据模数关系对构件的原尺寸进行推算和验证。例如图 7.1 对于塌下的梁,观察确定是其中哪些关键构件产生了问题,然后根据正常的结构和构造做法将其恢复。梁高度的恢复可依据 B 梁柱高度,有生起时还需要加上生起的尺寸。对结构上所做的这些恢复工作务必在测绘报告的图纸说明中详细记录下来。

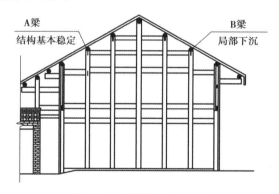

图 7.1　安居军械库剖面图

7.4.2 历史建筑存在对结构没有重大影响的变形及损坏而引起的误差

历史建筑存在有对结构没有重大影响的变形及损坏,例如缺失的构件,压弯的构件,裂缝、模糊的图案,褪色的彩画等。为不影响建筑物整体稳固,均依照现状测绘,以真实地表达历史建筑的存在状态,保持其历史感和时间感。例如图 7.2 中,窗棂 A 遗失,我们可根据保存较为完整的窗棂 B 的造型、材质及油漆饰面的制式做法还原出窗棂 A,并在图纸中注明具体情况。

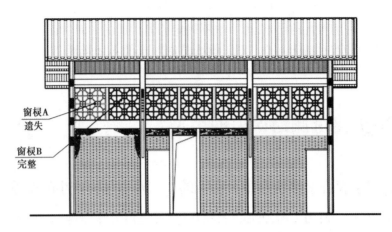

图 7.2　李家祠堂剖面图

7.5　减少历史建筑测绘误差的方法

7.5.1　通过使用高精度的仪器及提高测绘人员素质来减小误差

①要尽可能选用精度高、误差低的仪器仪表,如激光扫描对光亮度和温度并无要求,可以全天候进行建筑内部和细部扫描。使用前,认真检查所用仪器仪表是否合格,并且要有校正数据。

②在相同条件下,进行多次重复测量取平均值的办法。

③提高测量人员的综合素质。

④应在观测数据中及时发现并减少操作误差。

7.5.2　通过对测绘出来的尺寸数据的处理来减小误差

1)次要尺寸服从主要尺寸

主要尺寸是可以决定和影响建筑物体形高低大小与时代风格特征的尺寸,如各开间的面阔、进深,梁架中的柱高等。次要尺寸是指与建筑物整个骨架牵连关系较少或者用间接方法也可以求得的尺寸,如门窗装修的槛框长短、墙壁的厚度等。在历史建筑测绘后,进行尺寸规整时,经过反复测量仍然有误差时,那么次要尺寸就应当服从主要尺寸。

2)分尺寸服从于总尺寸

我们应该力求把某部位或某构件上多出来的数字寻找出来,并从分尺寸中减去,以取得分尺寸之和与总尺寸达到吻合。例如图 7.3 南侧横向标准的分尺寸之和与总尺寸不符合,应以总尺寸为准,反复测量后校对分尺寸,将分尺寸改为 1 000/1 200/2 000/2 000/1 990/4 010/2 700。

3)少数服从多数

根据少数服从多数的原则,定出建筑物中各相同构件的统一尺寸,如拱中的出跳、各种拱

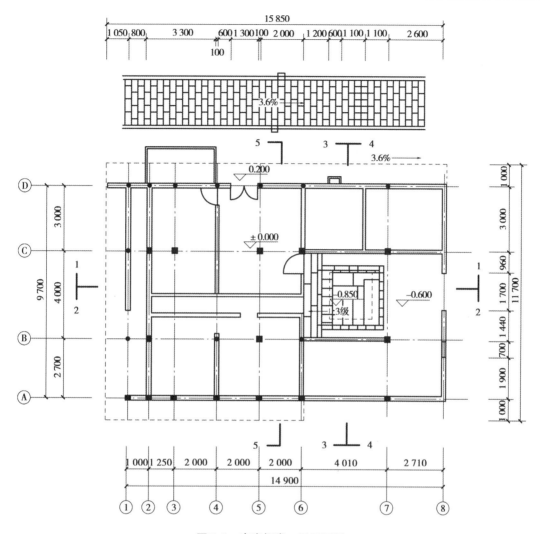

图 7.3　李家祠堂一层平面图

的长度、各种斗的尺寸等。决不能取构件的多数尺寸平均值来决定统一尺寸。例如图 7.4 中 a、b、c 三处柱子的直径为 220 mm，而其余均为 250 mm，应根据少数服从多数的原则，均以 250 mm 为准。

4）尺寸标注

在尺寸标注时，应该把同类构件的尺寸在构件的同一侧按同一方向标注，不同构件的尺寸要沿同一条建筑轴线（柱中线）标注，清晰的尺寸标注也有助于减小和找出误差。

5）后换构件应服从于原始构件

当同一构件多次出现时，应根据自身判断找出建筑物这个部分的原始构件加以测量，从而定出统一尺寸，而不能以某一构件的某个尺寸数量最多，或某个构件保存得最完好，来决定统一尺寸，这样才能最真实地测绘出历史建筑来。

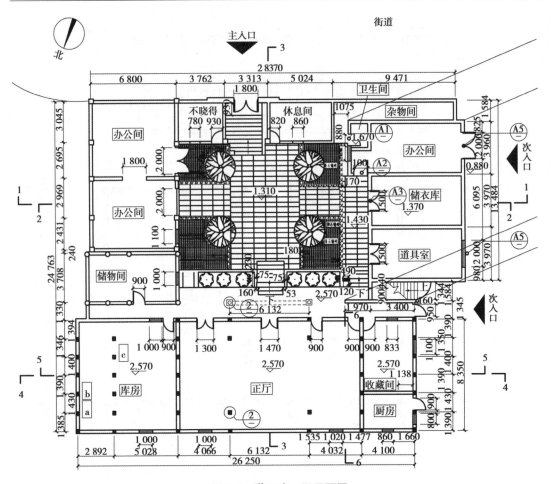

图 7.4 药王庙一层平面图

8 计算机辅助制图

8.1 概述

8.1.1 计算机辅助制图的基本概念和意义

在研究历史建筑的过程当中,对历史建筑进行测绘是一项基本的工作,通过测绘我们可以加深对历史建筑优秀遗产的认识,加强传统建筑文化的学习和继承,同时也为历史建筑的维修保护奠定基础。

计算机辅助制图是指运用计算机数字图像技术,绘出二维、三维的动态或静态图像。它可以直接在各种屏幕上显示,也可以用打印机或绘图仪表现出来。其中,二维计算机数字图像表现是指运用专业图形软件(如 AutoCAD)等绘出的电子平面图形。由于是借助于计算机和专业绘图软件,所以它具有绘制、修改容易,保存方便等优点,而且接上打印机或绘图仪可以随时打印出图面精美的图纸。

由于 AutoCAD 软件在工程界的广泛应用,运用 CAD 技术来取代传统的手绘测绘图是非常自然的,而且针对我国历史建筑程式化、模数化的特点,利用绘图软件的可开发性,我们可以开发制定出专门的绘图工具,如斗拱、檩条、椽子等,从而方便了测绘图的绘制。

1)计算机辅助制图的优越性

20 世纪 90 年代以来,随着计算机的快速发展,建筑业内计算机辅助制图已十分普及,CAD 教学成为建筑教育的重要组成部分,历史建筑测绘中的制图表达也已步入计算机时代。利用计算机制图,可无损失地保持图样精确程度和图面质量,重复利用性好,便于分工协作,从总量上减轻制图工作强度。对历史建筑测绘来说,利用计算机辅助制图,数据信息保存更完整,更适应建筑遗产记录要求,更适于历史建筑的对称性和构件的重复性,减少单调重复的制图工作;分层处理可兼顾技术要求和艺术表现,适应性更强。

2)二维图形还是三维模型

从当前实践及计算机软硬件水平来看,历史建筑的三维建模乃至动画制作,主要用于演示、表现,精度要求不高。如果建立精确的三维模型,则还需要专门的 CAD 开发工作。因此,当前仍以二维图形为主,但向三维建模发展是一个必然的趋势。

3)正确理解计算机制图

从使用针管笔画墨线图到计算机制图,不应简单理解为“换笔”。例如,计算机制图的数据信息保存得更完整,但同时也要求这些信息系统有序,涉及文件组织、图层设置等一系列手工制图中不用考虑的标准化、规范化问题。另外,测绘图的生命力在于重复利用性,因此应向利用者提供最大方便,比如除打印稿外,还应公开图层设置等内容。

8.1.2 绘图软件

国内建筑领域常用的 CAD 软件为 AutoCAD,所有版本都是向下兼容,为处理一些拓样、数字照片等,还需要进行图像处理,常用软件为 Adobe Photoshop。

8.1.3 计算机制图的一般要求

①与原物(仪草、测稿及拓样)一致。

②图线精确定位,交接清楚。计算机制图中往往因疏忽,如捕捉、正交状态有误时,偶尔会出现个别数据的失误。其中图线定位的微差(如两点间距本应是 450 mm,但实际画成450.003 1 mm)非常不容易察觉,应尽量避免。

③图层设置正确。应严格按图层设置相关规定放置图线,保证图纸的重复利用性。

④文件保存和文件命名应符合要求。文件命名规则应由测绘指导教师统一制定,本教材不作硬性规定。

⑤有定位轴线和编号,尺寸标注完整无误,格式正确。

⑥各要素齐全,如图框、图签、比例尺和说明文字,以及平面图中的指北针、剖切符号等完整无误。

⑦图线粗细适宜,表达对象层次清晰。按相关制图规范,所有线型的图线宽度应按图样类型和尺寸大小在下列线宽中选择:0.18,0.25,0.35,0.5,0.7,1.0,1.4,2.0 mm。

当历史建筑测绘图采用 1∶20 ~ 1∶50 之间的比例尺时,推荐使用的线宽组为细线 0.25 mm、中粗线 0.5 mm、粗线 1.0 mm。因比例尺较大,表达对象层次相对复杂,在粗、中、细线之外可增加若干中间层次的线宽。

⑧构图均衡,疏密得当。

8.2 计算机制图成果整理原则

1)分层思路

历史建筑测绘图中,可按制图的投影因素和非投影因素将图层分为三类:实体层、修饰层和辅助层。

除习惯使用图例或简化作图的内容外,实体层的内容多为投影因素,均按投影原理绘制。这些内容可按建筑的构建和部位划分图层,如柱类、梁枋檩、墙体、门窗等均各自设层。

建筑制图中,一般要求轮廓线加粗成粗实线或中实线,以刻画对象的景深层次。加粗仅起到修饰作用,属非投影因素。为此可专设两个修饰层,用于一般轮廓线和剖断部分的轮廓线。应注意的是,不能用轮廓线代替实体层上的图线(图8.1)。在某些情况下,修饰层的图线可以降低精度要求。

辅助层用于轴线、辅助线、图例、图框、标注等内容。

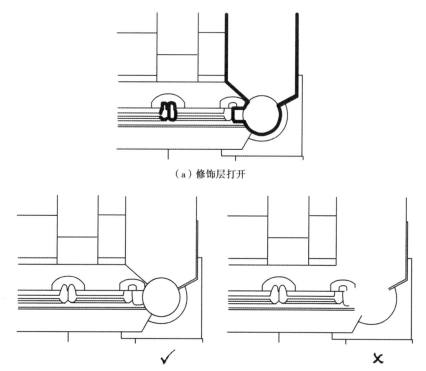

(a)修饰层打开

(b)正确:关闭修饰层时,实体层图线仍然完整 (c)错误:关闭修饰层时,实体层图线不完整

图8.1 打开和关闭修饰层时的状态

2)推荐的图层约定表

为方便图形信息交换,根据《房屋建筑CAD制图统一规则》(GB/T 18112—2000)相关条款的原则,制定了图层约定表,见表8.1。

表8.1 古建筑测绘计算机制图图层约定表(根据 GB/ 50001—2010 制定)

	英文名	中文名	含义解释	颜色	线型	备注
实体层	A-BMPL	建筑-梁檩	Beams and purlins 梁、角梁、枋、檩、垫板	yellow	continuous	斗拱中的小枋入斗拱层 A-DOUG
	A-BOAD	建筑-板类	Boards 板类杂项,包括山花板(含歇山附件)、搏风板、楼板、滴珠板等	254	continuous	垫板入梁檩层 A-BM-PL,望板入 A-RAFT
	A-CLNG	建筑-天花	Ceiling 天花、藻井	110	continuous	
	A-COLS	建筑-柱类	Columns 柱、瓜柱、驼墩、角背、叉手等	green	continuous	
	A-COLS-PLIN	建筑-柱础	Plinths 柱础	white	continuous	
	A-DOUG	建筑-斗拱	dougong 斗拱	cyan	continuous	
	A-FLOR-PATT	建筑-铺地	Paving 铺地	9	continuous	
	A-HRAL	建筑-栏杆	Handrail 栏杆、栏板	60	continuous	
	A-PODM	建筑-台基	Podiums 台基、散水、台阶等	9	continuous	
	A-QUET	建筑-雀替	queti 雀替、楣子等各类花饰	101	continuous	
	A-RFTR	建筑-椽望	Rafters 椽、望板、连檐、瓦口	magenta	continuous	
	A-ROOF	建筑-屋面	Roof 屋面	131	continuous	
	A-ROOF-RIDG	建筑-屋面-屋脊	Ridge 屋脊	141	continuous	
	A-ROOF-WSHO	建筑-屋面-吻兽	wenshou 吻兽	151	continuous	
	A-STRS	建筑-楼梯	Stairs 楼梯	green	continuous	
	A-TABL	建筑-碑刻	Tablet 各类碑刻,包括碑座、碑身、碑头等	9	continuous	
	A-WALL	建筑-墙体	Walls 墙体	254	continuous	
	A-WNDR	建筑-门窗	Windows and doors 门窗	110	continuous	

	英文名	中文名	含义解释	颜色	线型	备注
修饰层	A-OTLN	建筑-轮廓	Outlines 轮廓线	50	continuous	
	A-OTLN-SECT	建筑-轮廓-剖断	Section outlines 剖断线	40	continuous	
辅助层	A-AUXL	建筑-辅线	Auxiliary lines 辅助线	8	continuous	
	A-AXIS	建筑-轴线	Axis 定位轴线	rad	center2	
	A-AXIS-NUMB	建筑-轴号	Axis numbers 轴线编号	7	continuous	
	A-DIMS	建筑-尺寸	Dimensions 尺寸标注	green	continuous	
	A-FRAM	建筑-图框	Caption of drawing 图框及图签	white	continuous	
	A-IMGE	建筑-图像	Image 光栅图像	8	continuous	用于描画纹样的光栅图像入此
	A-PATT	建筑-图例	折断线、波浪线及其他图例符号	white	continuous	
	A-NOTE	建筑-说明	Note 文字说明	white	continuous	

8.3　作图步骤和技巧

本节以使用 AutoCAD 为例,简单介绍历史建筑测绘图中的相关技巧。由于篇幅有限,相关细节请参阅 AutoCAD 帮助文件、使用手册或教程。

8.3.1　作图步骤

1)原则

①从整体到局部、先控制后细节。若控制性尺寸有误,细节画得再好也必须返工。

②先木构、后瓦作。立面图中的瓦顶(尤其是翼角部分)比较复杂,若先画瓦顶,一旦发现木构部分有误,则必须返工。

③相关的视图宜结合起来绘制,切勿将一张图画到底再画另一张,因为在某个视图中不易察觉的错误,在另一视图中可能会立刻曝光。

④磨刀不误砍柴工,只有充分理解制图的要求,掌握并灵活运用有关技巧,才能减少反

复,提高效率。

2)作图步骤

总体上,仍然可按"平面—剖面—立面"的顺序进行,但由于仪器草图阶段图纸已经核对过,主要尺寸也已汇总填表,因此,多人配合制图时也可不必严格按上述顺序,而按照数据表上的尺寸同时分别制图。

制图过程中,如需在图形中引用他人图样,则必须先检查其总尺寸、轴线定位尺寸、主要标高等重要尺寸与数据表一致后才能使用,否则一个人的小错误可能传播到每张图纸。

对单张图纸来说,以剖面为例,作图步骤如下:

①画轴线、地面(图8.2)。

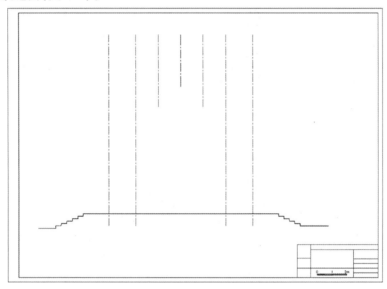

图8.2

②画柱、檩、梁枋。注意:檩的位置决定了举架,应先画,确认无误后再画梁架(图8.3)。

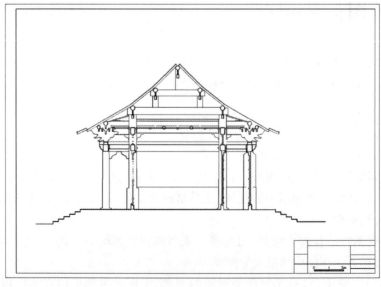

图8.3

③画橼望,如斗拱已画好可插入斗拱(图8.4)。

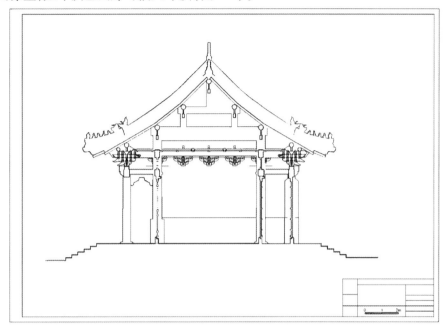

图8.4

④画墙体、门窗等(图8.5)。

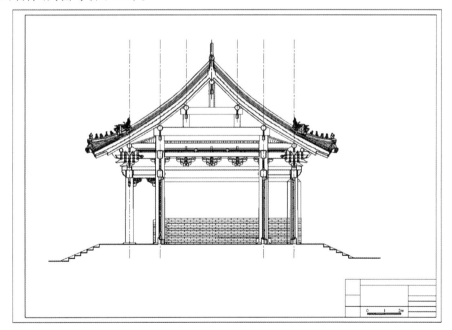

图8.5

⑤加粗轮廓线。

⑥标注尺寸和必要的文字说明(图8.6)。

⑦加图框,填写图签内容,完成图纸(图8.7)。

加粗轮廓线前,图纸内容已大致完整时,就可提供给小组其他成员引用。

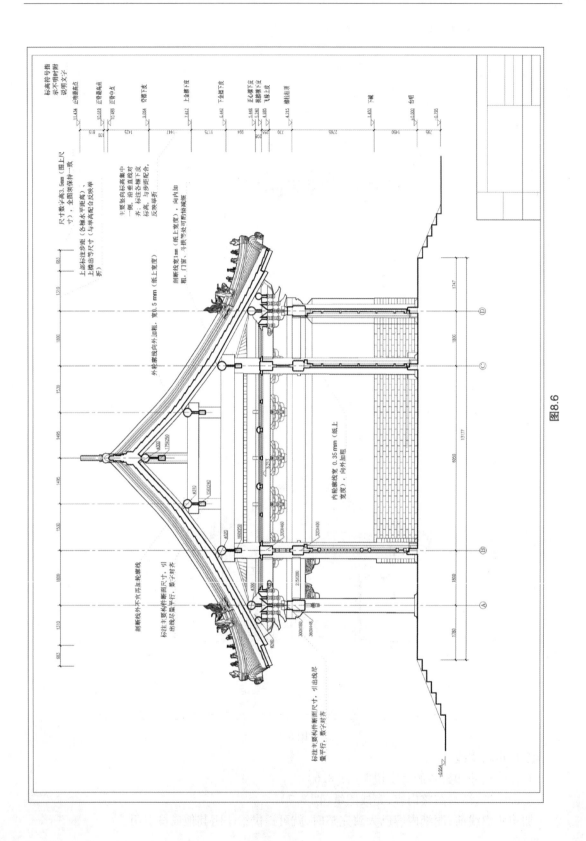

图8.6

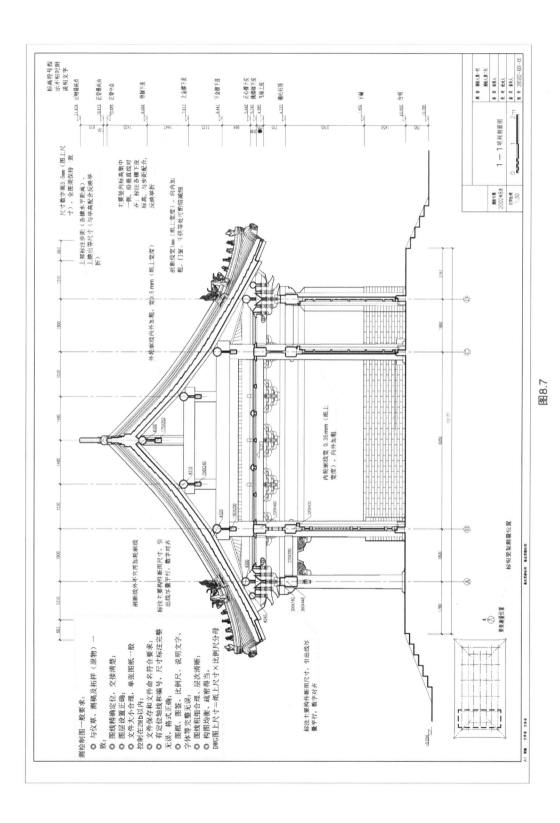

图8.7

8.3.2 AutoCAD 操作

1)"左右开弓"模式

"左右开弓"模式即是左、右手同时操作,作图时左手操作键盘,右手使用鼠标进行定位、选择等操作,可大大提高效率。但这要求操作者掌握常用命令的快捷键或简捷的命令别名。若过分依赖鼠标点击菜单或工具栏图标,则操作十分烦琐,快捷键的熟练使用在一定程度上反映了一个人对软件的依赖程度。具体快捷键的使用参照 AutoCAD 的相关培训资料或教程。

2)掌握多种选择图元技巧

除掌握鼠标单选和矩形窗口等最基本的选择方法外,还应掌握选择过程中 shift 键、control 键的使用,"l"(= last selected objects)、"p"(= previous selected objects)等快捷选择方式,fence 方式、wpolygon(多边形 window)方式、cpolygon(多边形 crossing)方式,以及锁定层、过滤器等各种选择技巧,详见 AutoCAD 帮助文件、使用手册或培训教材。

3)文件崩溃的对策

由于 AutoCAD 内部缺陷,无缘由的文件崩溃现象时有发生。现象是:上次编辑正常的文件,下次打开时被告知有错,无法打开;或者编辑过程中突然退出 AutoCAD。为预防这种情况造成的损失,首先应将自动存盘时间定在 10 min 左右,这样即使出现意外,损失的也只是 10 min 的工作而已。当 AutoCAD 出错或退出时,不要轻易选择存盘。一旦出现了文件崩溃现象,可尝试用以下方法来挽救:

①使用 recover 命令修复,具体操作参见 AutoCAD 帮助文件、使用手册或培训教材。

②新建一个文件,将崩溃文件作为块插入,然后重新存盘。

③如果出错的文件能够打开,只是进行某些操作时会退出 AutoCAD,则可将其存为 R13 格式或 R13 的 DXF 格式,然后重新打开。

4)文件命名和保存

应统一规定文件命名格式,并强制执行,以便建档管理。

8.3.3 历史建筑测绘制图中的常用技巧

1)利用样板工作

扩展名为".dwt"的样板文件(template)是一张底图,用以保存公用设置和图形。可将历史建筑测绘制图中常用设置保存在一个样板文件中,其内容可包括图层、尺寸样式、字体样式、单位和精度、作图界限、线形和其他必要的系统变量。

2)曲线绘制

一般情况下,一些简单的曲线可简化为弧线(arc),转折变化较复杂时用多段线(polyline)绘制。AutoCAD 中有两种椭圆:真椭圆和多段线拟合的椭圆。应根据实际情况选用。

3)块技巧

在 AutoCAD 中,利用"块"绘制重复的部分有许多优越性,便于统一编辑,简化操作,且节省储存空间,并可附带属性。因此,务必认真学习 AutoCAD 中有关块的章节,学会灵活使用块来简化操作。AutoCAD 除提供了定义块(block)、插入块(insert)的命令外,还提供了与块相关的编辑命令。如果因为不了解这些命令,遇到需要修改的块引用就只会分解(炸开)它,这就失去了块的优越性。

与块相关的操作必须掌握块的在位编辑(refedit 命令)、块的剪裁(xclip 命令)、块的属性定义和编辑等,详情请参阅 AutoCAD 帮助文件、使用手册或教程。在 AutoCAD2004 以后,AutoCAD 的修剪(trim)和延伸(extend)命令都已经开始支持块引用。

另外,块的命名也不能过于简单随意,否则极易造成重名。当多个文件相互引用时,就会造成意想不到的后果。

4)平分、阵列技巧

作图中经常遇到阵列和平分问题,涉及 array、divide、measure、offset、copy、minsert 等诸多命令和使用技巧,例如表 8.2 所示:

表 8.2 阵列和平分问题中涉及的 AutoCAD 命令

条件	选用命令
单元数量及间距已知	array 或 minsert 命令,数量较少时用 copy 的 multiple 选项
单元数量已知,间距未知	divide 命令、数量较少时用 offset 命令
单元间距已知,数量未知	measure 命令

各命令的具体操作请参阅 AutoCAD 帮助文件、使用手册或教程,现只对 offset 命令在平分问题上的应用略作解释。例如,总宽为 4 550,分为 4 份,则可在执行 offset 命令要求输入偏移量时,用分数形式表示为"4 550/4",然后进行偏移操作即可。

5)控制文件大小

作图过程中,应注意尽量控制文件大小,以提高计算机工作效率,并减少出错的概率。控制文件大小的技巧主要有以下几方面:

(1)充分利用块

可以利用块来快速处理图形中重复和对称的部分。例如,可将重复的构件(如斗拱、吻兽等)定义为块,也可将屋顶平面、仰视图的 1/4 定义为块,然后镜像复制,文件总量将减少约 70%。但要注意:如果某一部分在图形中只出现一次,则定义为块并不节省空间。

(2)经常清理图形

AutoCAD 提供了清理命令 purge,用于清除图形中废弃不用的块、层、尺寸样式、线形、字体样式等。应经常进行这种清理,防止文件无谓增大。使用 purge 命令时不用担心它会删除正在使用的块、层等,在清理前应打开、解冻或解锁所有图层。

8.3.4 纹样描画

纹样描画的图像来源于拓样、传统照片和数字照片。除数字照片外,其他两种形式都需要经过扫描,转换成电子图像格式。所有图像文件一般都需进行预处理后,才能插入 AutoCAD 进行描画。

1)图像预处理

（1）扫描

拓样一般可扫描成黑白二值模式（line art），300 dpi，LZW 压缩的 TIF 格式。黑白二值图像在 AutoCAD 中可改变颜色，而且能透明显示。传统照片可扫描成 RGB 模式，300 dpi 以上，存为 JPG 格式。

（2）拼接

当拓样尺寸超过 A4 幅面而又没有 A3 或更大扫描仪时，可分两次或多次扫描，然后在 Photoshop 中加以拼接。

（3）轻微变形纠正

测量方法中的简易摄影测量方法，需要纠正的照片仅仅是有轻微变形的照片，可在 Photoshop 中对图像按实物轮廓尺寸的长宽比例进行微调，包括不等比例的拉伸、斜切、透视矫正等。

经预处理后的图像文件必须作为成果提交，并存档。

注意：不经预处理就直接插入 AutoCAD 中描画成矢量线画图，一旦画成矢量图，就很难像光栅图像一样方便的拉伸、矫正变形。

2）在 AutoCAD 中描画

上述预处理的图像文件均属光栅图像，可在 AutoCAD 中插入光栅图像，并作为蓝本，将纹样描画成矢量线画图。

（1）AutoCAD 中插入光栅图像

在 AutoCAD 中可用 image 命令插入光栅图像。对于黑白二值图，可设为透明；对于灰度或彩色图，可用 imageadjust 命令调灰，并用 draworder 命令将其置后，以利于描绘。

（2）摆平图像

插入的图像如有倾斜，则通过旋转 rotate 命令摆平放正。旋转的角度不必事先计算，可利用 rotate 命令的 reference 选项，通过鼠标的屏幕操作确定。

（3）缩放图像

插入的图像尺寸一般与实际尺寸不符，必须通过缩放 scale 命令，使之与测得的轮廓尺寸相同。同样，缩放量也可利用 scale 命令的 reference 选项确定。

（4）用多段线描画

处理妥当后，可用多段线描画成线划图。描绘时要注意以下方面：

①意在笔先，整体把握。应先确定曲线的整体走向和趋势，若细节有出入，可再进行局部微调。

②善于概括形象，结构形态准确传神。并不要求每处变化都需要画成线条，应善于取舍概括。

③尽量减少多段线顶点数量。

8.3.5　尺寸标注

历史建筑测绘中的尺寸标注包括直线段尺寸标注（图 8.8）、直径标注（图 8.9）、半径标注、标高标注等。具体格式应参照《房屋建筑统一制图标准》（GB/T 50001—2001）和《房屋建筑及 CAD 制图统一规则》（GB/T 18112—2000）相关规定执行。

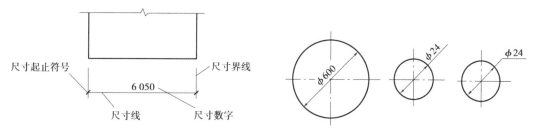

图8.8　直线段尺寸标注　　　　　　　　　图8.9　直径标注

下面结合历史建筑测绘具体情况,说明其中一些特殊情况。

①标注断面尺寸或引出文字说明时,采用引出线标注 leader。其中断面尺寸习惯用宽×高,引注文字中的乘号可用大写的"X"(图8.10)。

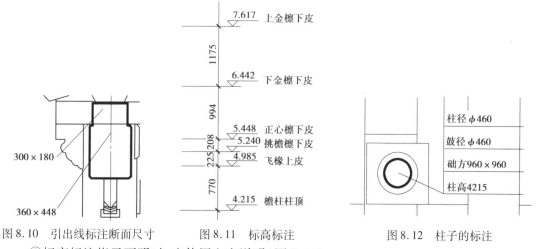

图8.10　引出线标注断面尺寸　　　图8.11　标高标注　　　　图8.12　柱子的标注

②标高标注指示不明时,应使用文字说明(图8.11)。

③平面图上的柱子,可将相关数据分行集中标注,一般包括柱径、鼓径、础方、柱高等内容,也可酌情标出柱子的上、下径,柱底、柱顶标高等内容(图8.12)。

8.3.6　校核验收

计算机图完成后,必须经过校对这一最后环节,发现错误应及时改正,直至验收合格。校对是指测绘小组组员之间相互检查核对;审核则是由指导老师进行图纸审核。

检查核对一般可分为校样检查和上机检查两个部分,有条件的还可以进行现场核查。

1)校样检查

将电子文件打印成 A3 小样作为校样。校样检查主要发现图样内容上的宏观问题及版式、格式方面的问题。工作重点随图纸具体内容的不同、图样的繁简、质量的高低而有所不同,但基本任务大致包括以下几个方面:

①版式、格式检查。例如,图纸幅面及比例尺选用是否合理;要素是否齐全,如定位轴线及其编号、尺寸标注、文字说明、图签内容,以及字高、字体和各种符号的大小是否符合规定等。若为平面图,则需画出指北针、剖切符号。

②检查图线线宽、线型使用是否符合要求。

③检查与仪器草图是否一致;各视图投影关系是否一致,是否正确。

④仪器草图为详细绘制的细部应认真检查,必要时应参考照片、测稿进行判断。

2) 上机检查

上机检查的主要任务是检查图纸上的微观问题和内在质量。基本任务如下:

①检查图层设置是否正确,图线是否正确放置在相应图层里。可通过开关某一图层,或单独显示某一图层的方法检查,具体操作工具可在 AutoCAD Express Tools 中找到。

②检查图线是否精确可靠。例如:抽查一些重要的图线,检验水平线、铅直线是否真正水平或铅直,可通过阅读特性选项板上的相关参数验证;抽查一些重要的点与点、线与线的距离,看其是否符合标称的尺寸,特别注意是否有尺寸不整的现象,以确保图线定位精确;抽查一些本应对齐的图线,确保未出现偏差等。

③检查文件命名是否符合要求。

④检查在校样中不易察觉的细部问题。

9

测绘报告

除以上章节所提到的测量和绘图的内容之外,测绘报告也是不能缺少的。测绘报告的编写是建立在测绘对象各方面资料的收集与整理的基础上的,这些资料主要包括地方史志、文献、建筑物本身包含的碑刻、题记所记载的相关史实。报告以文字形式记录下测绘内容,可以对测绘图纸不易表达的内容加以详尽的叙述和说明。除了记录测绘对象的全面信息之外,测绘报告还应记录测绘工作中的各种实际情况。

9.1 测绘对象的基本情况记录

测绘对象的基本情况记录主要包括以下内容:
①建筑名称;
②地点;
③创建年代与背景;
④建造者/建筑师;
⑤创建时的基本状况;
⑥现状;
⑦历代历次的增修或改建或重建情况;
⑧相关的历史事件与人物。

9.2 建筑现状介绍

建筑现状介绍主要包括以下内容:

①建筑组群；

②总体布局；

③规模（占地面积，院落的数量，中轴线上的主体建筑的数量）；

④环境关系；

⑤单体建筑；

⑥平面形式；

⑦规模（通面阔与通进深）；

⑧结构（梁架，斗拱举架，生起，侧脚等）；

⑨构件（月梁，梭柱等）；

⑩屋顶形式；

⑪台基；

⑫彩画；

⑬附属文物简介；

⑭时代特征与地域特征；

⑮价值。

9.3 测绘工作记录

1）测绘工作记录的内容

①测绘图纸说明；

②测绘过程中发现的问题与情况（建筑的改动情况，构件的损毁、变形、缺失，地基下沉等）；

③测绘时间；

④测绘人。

2）测绘工作记录的编制

编写测绘工作记录的素材是通过不同途径获得的。测绘对象记录中的第一部分内容主要依靠查阅文献资料，这部分素材的收集与整理工作在到达测量现场之前就可以进行。在实地勘察和测量工作中获取到的更多信息会使这部分内容更为充实、可靠。其余部分的内容和"测绘工作记录"则都是对现场勘测和测量成果的总结和概括。

9.4 测绘图纸内容

最终应该完成的测绘图纸的内容和建议比例尺（视测绘对象的体量、规模、结构情况具体调整），如表9.1所示：

表9.1　测绘图纸内容

图纸名称	参考比例尺
1. 总平面图	1∶500 ~ 1∶200
2. 单体建筑的各层平面图	1∶50 ~ 1∶100
3. 单体建筑的横剖面图	1∶50
4. 单体建筑的纵剖面图	1∶50
5. 院剖面图	1∶100
6. 斗拱大样图	1∶10 ~ 1∶20
7. 梁架仰视图	1∶50
8. 单体建筑的正立面图	1∶50
9. 单体建筑的侧立面图	1∶50
10. 大样图	
檐部大样图	1∶10 ~ 1∶20
角梁大样图	1∶10 ~ 1∶20
柱础、钩阑、抱鼓石、角石和角兽、门砧,梭柱,须弥座大样图	1∶5 ~ 1∶10
格扇、版门大样图	1∶20
月梁、丁华抹颏拱、驼峰大样图	1∶10 ~ 1∶20
藻井大样图(仰视平面图和剖面图)	1∶20
悬鱼、惹草大样图	1∶10
鸱吻、垂兽、戗兽及套兽、瓦当、滴水、其他脊饰大样图	比例自定
石雕、砖雕、木雕等装饰细部大样图	比例自定
彩画大样图	1∶5
其他	
建筑写生	

10

历史建筑的价值与年代鉴定基础

10.1　对历史建筑测绘中的文物价值的认识

中国是世界上"四大文明古国"之一,在其悠长的发展历史中,中华民族的祖先创造出了光辉灿烂的历史文明,留下了使子孙后代都十分骄傲的文化遗产。研究分析我国目前的文物出土情况,已知的地上与地下已经存在不可移动文物大约40万处,而在世界上享誉盛名的长城、故宫等文物古迹和自然遗产已经有48处之多,同时历史建筑大约占1/3的数量,如此众多的历史建筑和保护成果已经是每个中国人的骄傲,在享受荣誉与骄傲的同时,如何保护和继承这些建筑文化遗产则是我们肩负的巨大责任。

10.1.1　历史建筑存在的价值

历史建筑作为重要的文化遗产。对于文物价值的认识,在不同的时代、不同的国家具有不同的认知。例如1964年《威尼斯宪章》中对文物古迹价值定位为应具备美学、考古及艺术价值,而国际公约中则强调具备历史、科学和艺术的普遍价值。我国经过几十年的发展和不断更新,将文物古迹的价值明确为三大方面的内涵:

1)历史价值
文物古迹的历史价值内涵主要体现在下面几个方面:
①由于某些历史事实造就,能够真实地反映这一历史事件。
②能够在某种程度上体现特定历史时期的生活方式、风俗习惯、生产方式、思想观念及社会风尚。

③发生过重大历史事件与重要历史人物的重大活动,并可以真实地突出当时事件发生或人物活动的特定历史环境。

④能够有效地补充或证实某项在录史实。

⑤在所有现有的历史文物中,它的年代及类型具有一定的稀有性和独特性,最具有其时代的特点及一定的代表性。

⑥在一定程度上能够体现文物古迹本身的发展和变化。

2)科学价值

科学价值主要体现在以下方面:

①其设计规划包括布局选址、防御自然灾害、造型和结构设计选取等,具有一定的时代特色。

②文物古迹的材料、造型和建造工艺和它们反映或代表当时的场所。

③文物古迹中保留或记录着当时重要的关于科学技术成果和科学技术水平的科学技术发展历程。

3)艺术价值

艺术价值的体现又分为以下几方面:

①具有包括空间造型设计、构成、装饰类型等的建筑艺术价值。

②景观价值,包含人文景观、园林景观、城市景观在内的风景名胜,以及风貌特殊的古迹遗址景观。

③附属在文物古迹之中的雕像、壁画等艺术品及陈列物装饰物等。

一般来说,上述3种价值内涵是文物古迹价值的核心内容,通过对3个方面的评估对文物古迹价值的鉴别是比较客观和准确的,当然它们还具有许多其他方面的价值,但这些价值可能会因人而异。

10.1.2　关于历史建筑价值评估存在的误区

在对待历史建筑价值评估及保护时目前主要存在以下几点认识误区:

(1)有人已经评估过,没有再次进行评估的必要了

这种认识会导致在文物建筑保护规划编制与设计时不会下功夫对文物古迹价值进行深入的评估研究,所得到的信息一般源于现有档案或网上资料。这种观念认为历史建筑一旦确定要求保护就肯定得到了充分的评估,因而没有再进行研究的必要,但这样的认识往往容易忽略评估是否考虑最新的研究成果,其真实性和准确性是否具有保障。对历史建筑价值的评估是一个阶段性、持续性的工作,绝不可能一劳永逸,因此在认识上应更加主动积极。

(2)结果第一、评价和认识的过程不重要

这种认识会导致尽管历史建筑与文物保护方案进行了古迹价值评估研究,但是在具体的报告中却缺乏表现,仅陈述了结论(即价值评估结果),对评估的根据和研究过程并未进行整理和归纳,这样使得文物古迹价值评估的结果可信度大打折扣,不利于科学、合理的保护决策的制订。

(3)历史建筑价值评估与其现状的评估关系不大

历史建筑的价值和现状是做到全面认识建筑遗产的重要保障,二者是密不可分的一个整

体,价值指引我们从哪些方面去研究文物古迹的现状,现状则又能反映价值的完整及真实程度。对现状的调查能使我们对价值的认识更加深刻、完善和客观,并及时对偏差进行调整。这种错误的观点对历史建筑价值本身所依附的背景、环境造成了一定的忽略,不利于保证其完整性和延续性,使得现在研究出现偏差,降低建筑遗产保护工作的科学性、准确性。

10.1.3　加强历史建筑测绘中价值评估的对策

首先,历史建筑价值的评估应该体现在建筑遗产保护工作的每一个步骤中。这样一来对文物建筑价值的认识就会是一个持续性的,对历史建筑价值的评估会更加准确,可信度更高。

其次,历史建筑价值评估及其保护策略中的重要环节应明确和完善。在现行的文物建筑保护工作中,保护项目对价值是否具有影响,规划的确定是否与价值相关联,这些与历史建筑价值紧密相关的环节有所欠缺,应予以补充和明确。

最后,对建筑遗产价值的评估应给予更多的重视,使其发挥更大的作用。历史建筑价值评估作为文物保护的重要环节发挥越发重要的作用,近年来由于建筑文化遗产评估工作在其保护中越来越受重视,再加上历史建筑评估的核心是价值的评估,因而对价值评估予以足够的重视是客观要求。

10.1.4　基于保护历史建筑上对于文化遗产的分类

历史建筑文化遗产资源具有特殊历史意义和价值,值得人们重视和珍惜。但是在特殊的时期内,文化遗产资源是无法创造再生的,在开发和保护文物资源的时候需要坚持可持续发展原则。历史建筑的价值是无法估量判定的,基于文物建筑是经过历史沉淀的宝物,在保护它们的时候需要注意将历史建筑分类,以便于统一管理保护。

1)濒危型历史建筑

濒危型历史建筑是在自然发展过程中由于自然属性改变或者是不适应环境改变而面临着被损坏的危险而且数量很少的建筑遗产。濒危型历史建筑的特征是隶属同类的文物建筑数量比较少,在自然条件下由于缺乏相关的技术加之人为的破坏,致使该类型的文物建筑处于将被毁坏的境地。

2)高稀缺型历史建筑

高稀缺型历史建筑是由人类发展创造的,但是同类型的遗存数量不多而又十分珍惜的文物建筑资源、高稀缺型文物建筑在性质、价值和特点上独具特色,同时该类型的文物建筑的数量也十分稀少,故此,倘若这类型的文物建筑缺失,也会导致历史建筑资源加快走向灭绝的道路。

3)稀缺易耗型历史建筑

稀缺易耗型历史建筑其自身就是十分脆弱的,保存的难度也很大,极易遭到破坏。这类文物多由自然属性区产生,由数量庞大的自然元素构成,且这类型的文物古迹还多保存在墓葬之中,面临着出土之后保护的复杂技术问题,目前尚不存在十分完善的保存这类型文物建筑价值的技术,所以,稀缺易耗型历史建筑的保存也面临着严峻的考验。

4)普通型历史建筑

普通型历史建筑指的是分布的数量多、稀缺性和脆弱性都不是很强的建筑遗产。这种类型的历史建筑资源在保存上也并不存在着很大的技术问题,只需要简单的技术操作和良好的保存环境就可以很好地将其保存传承下去。

总之,历史建筑遗产的保护性测绘工作是一项极其重要的工程,它对整个人类的进步和发展具有重大意义,而历史建筑价值评估更是这项工作的基础,因而切实保障价值评估环节对文物建筑价值的延续和保存具有保障作用。

10.2　历史建筑的价值与年代鉴定

评估历史建筑的价值和鉴定历史建筑的年代都是独立的学问,虽然不从属于测绘工作的范畴,但是与测绘工作密切相关、不可分离。因为测绘是一种全方位的接触、认识历史建筑的工作方法,测绘的时候要上梁架、爬屋顶、要钻到构架的各个角落去观察和测量无法直接看到的、隐蔽的构件,而这也正是年代鉴定和价值评估需要采用的工作方式,仅仅依靠一般的观察、看照片和图纸去鉴定和评估是不可靠的,容易产生偏差。同时,年代鉴定和价值评估又对测绘工作起着一种指导作用,提示我们要特别认真地对待测绘对象的那些具有较高价值的部分和做法。

10.2.1　历史建筑的价值

1)价值是怎样产生的

如前文所说,历史建筑是建筑遗产的一种类型,它具有遗产的共性,即作为"遗留物"的本质,是过去的时间里某种文化的遗留物之一。当产生建筑物的某种文化已经消失或者正在衰亡,已成为无法再挽回、再恢复的历史,而这些建筑物留存了下来,并且含有关于那种文化的信息,见证了过去的时间与历史,这就是其价值所在。

价值的大小是与该文化的消亡程度成正比的,而与时间没有必然的关系。也就是说,某种文化消亡得越彻底,携带有关这种文化的信息的历史建筑价值也就越大。并不是建筑物存在的时间越长,价值必然就越大,只是由于时间越久远,信息损失得往往越多、越彻底,相应地含有信息的建筑物价值就越大。

历史建筑的价值包含两个基本的方面:一是物质价值,即历史建筑本身所具有的、作为实用的建筑物的价值;另一方面是信息价值,是历史建筑作为见证物所具有的价值,其实就是历史建筑包含的信息的价值。这两个方面的价值不一定是重叠的,并且价值大小往往不是等量齐观的。比如一座名人故居,它的物质价值就是作为住宅的价值,而信息价值就是见证了名人在这里进行的所有活动。故居作为住宅的价值可能很低,不为人所重视,但是由于其具有的信息价值而使其脱离了普通住宅的范畴。也有的历史建筑这两个方面的价值都很高,例如北京的明清故宫。

历史建筑的价值有时是由物质价值和信息价值中的一个来决定,有时是由这两个方面共同赋予的,我们今天评估历史建筑的价值时更注重的是信息价值。

2)价值的内容构成

价值的内容构成实际上是指历史建筑所携带的信息的种类和内容构成。当一个历史建筑见证了某类信息,使我们能够获取这种信息,我们就称该历史建筑具有某种价值。

一般而言,价值的内容构成包括以下3个方面:

①科学与技术价值,在建筑物从原材料的加工到建造完成这个社会生产活动中能够体现出社会生产力水平、社会经济状况和科学技术的发展水平。建筑物在营造过程中所使用技术的先进性是科学与技术价值判定的重要内容,其他内容还包括技术的合理性、经济性、普及性等。

采用什么样的营造技术、使用什么样的材料反映了建筑物所产生的时代的社会价值观。先进的、高级的、复杂的技术一般都会运用在等级高的、重要的建筑上。所以说,都城的规划与建设、国家兴建的工程、宫殿建筑等往往集中了最先进的技术,因此科技含量很高,具有很高的价值。

②艺术价值,包括艺术创作的风格和特点、艺术创作手法、体现出的社会审美观或审美情趣等方面。

③社会人文价值是指建筑物对社会生活、社会制度、社会生产、礼仪制度、宗教、民间活动与风俗、历史事件与人物等的见证价值。

社会人文价值多是在使用过程中逐渐形成和具有的,不是建筑物一被建造出来就具有的。它具体包含这些方面的价值——使用价值(历史建筑原有使用功能的延续、新的使用功能如旅游、展示、创造与改善景观的价值),文化价值,情感价值(认同作用、历史延续感、精神象征性等)。

一座历史建筑所具有的价值内容都不是单一的,而是由多方面的内容复合而成。在这多个方面之中存在有一个或几个最为突出、最具特色的价值,可以称为特征价值。一般在描述历史建筑具有某种价值时就是指特征价值,并不是说这个建筑只具有这方面的价值。

10.2.2 年代鉴定

年代鉴定确定的是历史建筑的时间坐标,是进行历史建筑研究和保护工作的基准点。年代鉴定不只是为了确定建筑物的营造时间,更重要的是通过鉴定年代去发现、甄别不同时代的做法与特征,由此获得相关的一系列重要信息。

1)主体梁架结构是年代鉴定的基本依据

每个历史建筑起码都由数百个、多的达到数千个木构件组织架构而成,再加上为数众多的椽子、瓦件、砖等。面对这样一个复杂、庞大的组织体,我们在确定年代时必须要明确一个基本的原则——那就是以建筑物的主体梁架结构作为年代确定的最根本的依据。

为什么把主体梁架结构作为年代确定的根本依据呢? 因为梁架结构(即大木部分)是建筑物的骨干部分,其余构件依附于它而存在,就像枝叶依赖树干生长。中国古代建筑的主体结构用材是木材,大量起连接、扶持、围护、分隔等作用的构件也使用木材制作。木材这样的有机材料,自身有一个新陈代谢的过程,再有外界各种因素的影响,会衰弱、老化、变形,需要经常的修理、加固,在其完全不能承担应有功能的时候就必须把它们换掉。至于覆盖在木构架外表面的脆弱的瓦件、易褪色剥落的彩画、油漆,更是需要定期的更换和重新制作。建筑物上这些更新过的及经常需要更新的某些构件自然是不能作为判定年代的根据的,如同我们不能由一片新叶来判断树的年纪一样。

留存到现在的历史建筑,可以说没有一个是完全没有维修过、替换过构件的。每一座历史建筑上都有不同的时间点的遗留物,就像一棵树上有前天、昨天、今天长出的叶子。

2)文字记载是年代鉴定的另一个基本依据

除了建筑物本身,文字记载是年代鉴定的另一个基本依据。考察建筑物的构成状况和查找相关的文字记载是判断年代的两只眼睛,缺一不可。建筑物自身所呈现出来的时代特征一般只能告诉我们一个时间的搜索范围,文字记载则很可能帮助我们准确地找到那个时间点。当然了,有的时候建筑物自己就能直接告诉我们那个营造的时间点,这多是通过题在主体梁架的某个构件上的文字来实现的。即使这样,查阅文字记载仍然是必须要做的工作,因为创建时间只是需要获取的建筑物诸多信息中的一项内容。

哪些文献资料能够给我们提供信息呢?一是史志类文献,包括各个历史时期的全国性的志书,地方性的省志、县志、州志及村志、寺志等。盖房子在过去可是大事,尤其是建造寺院、祠庙、塔、桥之类,当地的志书一般都会记载,内容除时间外还包括营造工程的发起人、主持人、与此有关的重要人物等多方面的背景资料。建筑物建成后若有较大规模的维修、翻新、扩建或被毁后的重建也会被记录下来。而关于乡村聚落的形成和发展的种种情况,则可以从村志、当地家族的家族史中寻找到。二是碑刻与铭文,附属于建筑物的石碑的碑文、供器上的铭文等,多以建筑的创建、兴废、修缮、改扩建的缘由、过程、人物及具体日期为主要内容,对于其中提供了重要信息的部分应该抄录下来。三是与建筑物有关的文学作品,如名人游览后留题的诗作、游记、笔记等,往往会包含许多有意义的史料和信息。

使用以上三个方面的文字记载时必须要相互参照、印证,特别要注意分析、判断其中脱节的、不连续的、相互矛盾的地方,不能只根据一个方面的资料就轻率地下定论。因为文字在流传的过程中会发生讹误、错漏,有些文字记载本来就存在有错误和不实的内容。如果有关建筑物的文字记载很少,或者文字记载过于简略不足以作为鉴定的依据,那就只有更多地根据建筑本身去判定了。

无论是建筑物本身还是文字记载,都不能单独作为年代鉴定的依据。从建筑物的方面来说,一是可能存在仿建的现象,后代的建筑可以按照前代建筑的样式去建,会保存着前代的特征;二是存在有技术与样式的传播问题。一种做法和样式形成之后,从它产生的中心区向周边地区传播总是需要经过一个时间段。可能一个时代早期的做法传至距离较远的地区时已经到了这个时代的中期,一个时代晚期的做法传至距离较远的地区时可能早已改朝换代,进入一个新的历史时期了。所以说相同的做法与特征并不总是代表着相同的时间,时间差也不总是能够在特征与做法上显现出来。说到这里,我们已经涉及了建筑历史的一个基本而又重要的问题,那就是建筑历史发展的时间定位并不与历朝历代的时间划分相一致。朝代的更替不意味着一种做法与风格的彻底消失,也不意味着某种全新的做法与风格的开始。因此,在判定年代时要注意区分建筑物的时代特征与建筑物的创建年代,这是两个完全不同的指标,在编写测绘报告时这是一个需要详细说明的内容。

从文字记载的方面来说,容易与建筑物的真实状况发生偏差之处多是由于文字记载没有及时配合上建筑物的真实情况的变化。比如文献记载某建筑创建于某代,到实地一看才发现该建筑经历几个朝代的维修、改建,已经根本不是那个时代的原物了,但是文献上没有记录它建成以后的状况变化,或许是记录了但我们已无法看到,也可能有时文献尽管记录了这些变化情况,但是与建筑物的实际情况对应不上。

由于单纯凭借建筑物或文字记载可能会遇到上述问题,所以在这里要再次强调必须将两个方面相互印证、相互参照,增加时代判定的可靠度,减少主观判断造成的错误。

3)年代比对鉴定

在考察建筑物的构成状况和查找相关的文字记载完成之后,就可以将获得的建筑物的全面资料同已知的、年代相近的、具有典型性的同类型建筑物或"法式"进行更细致的比对以最终确定年代。其实,在实际操作中,比对是与考察建筑物、查找文字记载同时进行的。

从整体到局部、从结构到细部是进行年代比对鉴定时要遵循的原则——先是整体的风格、气质,再到平面布局、梁架、结构与构造的处理手法,然后是主要构件的样式,最后是各种细部特征。注意不要只重视一些时代性表现得比较鲜明的局部做法而忽略了整体的时代风貌。

年代鉴定工作的结果不是一句"该建筑建于某代某年"就能说清楚的,应该把鉴定的依据一项一项记录下来,也可以结合测绘报告中对建筑物全面状况的描述来说明鉴定的依据和结果。

10.2.3　各时代建筑大木特征概说

下面提供一些由现存建筑实例整理概括出来的各时代建筑大木做法的基本特征,以备在现场测绘工作中查阅。

1)平面

中国古代建筑平面的时代差异主要表现在内柱(金柱)的排列方式上。宋代及以前,柱子都是排列规矩、内柱与外柱纵横对应的。辽代中叶以后,开始出现了减柱的做法,即在纵横排列整齐的柱网平面中去掉若干内柱,多是前金柱或后金柱,或者减去几个或者将一列都减去。这种做法在营造术语中称为"减柱造"。

减柱造发展到金、元时期已经是一种通用的做法,采用减柱造也成为了金、元建筑的特征之一,但到了明、清时,减柱造基本上就不再使用了。

2)梁架结构

叠梁式一直是主导的结构形式,只在金、元时期有所不同,由于当时平面普遍用减柱造,梁架结构也相应地发生变化——以用材较大的纵向大额替代横向的大梁。这些纵向大额多跨两或三个开间,有的建筑中纵向大额跨过了整个立面。元代的纵向大额在选材上颇具个性,不讲究方直规矩,常将弯曲的原木稍加砍削就安装使用,有一种粗朴、自然的建筑韵味。

①梁木用材。梁木用材从总体发展趋势来看是由窄变宽,或者说是由瘦变胖:唐时梁的断面高宽比多保持在2∶1左右,宋《营造法式》规定为3∶2(材高15分,厚10分;栔高6分,厚4分),金、元时期纵额的断面高宽比接近1∶1,到清代则是5∶4或6∶5。

②举折。举折决定了梁架的高度和坡度变化,它的时代差异是比较明显的。越早期的建筑梁架坡度越小,越到晚期坡度越大。从现存的唐代建筑可知,唐建筑的梁架举高与前后檐撩檐槫的水平中心距的比值在1∶5左右,宋代至元代比值在1∶4~1∶3,清代举折最为陡峻,一般都等于或大于1∶3。

③生起与侧脚。生起与侧脚的做法从唐至元一直都保持着,明代中叶以后生起做法逐渐消失。而侧脚的做法在明到清的有些建筑中还有保留,但是侧脚的数值已变得很小,仅凭眼睛是不易看出来的,需要经过测量来判断。

3）构件

①柱。柱子的时代差异主要是长细比的变化,早期的柱子比较粗壮、敦实,越到晚近越细长。唐代柱子长细比在8∶1左右,辽、宋、金时期基本相同,在8∶1~9∶1,明代以后增大到9∶1~11∶1。此外内柱与檐柱的高度关系也发生了变化,宋代以前,内柱与檐柱是等高的,宋代起内柱开始高于檐柱。

②阑额与普拍枋。唐代到北宋基本上没有用普拍枋的,柱头铺作直接落在柱头上,补间铺作承在柱间的阑额上。宋代的《营造法式》中只规定在平坐中使用普拍枋。大约是在辽代建筑中开始出现普拍枋,承在柱头上,断面是横向的扁矩形。元代以后普拍枋的断面形状逐渐由宽而薄变为窄而厚。

③蜀柱与驼峰。蜀柱与驼峰都是各层梁架之间的支撑构件。唐代至宋代蜀柱与驼峰上都承斗拱再承梁,平梁之上以用蜀柱为主,其余各层梁架上都用驼峰。元代以后驼峰用得越来越少,多用蜀柱,而且梁柱节点是逐渐不再使用斗拱,改为梁柱直接交接。

④叉手与托脚。用在梁架各层之间起扶持槫的作用。在唐代佛光寺大殿的最上层梁架上就省略了蜀柱,只使用叉手承槫。当时的叉手用材是很粗大的,因为要承受相当的荷载。

从明代以后叉手已经十分少见了,有的建筑物中还能见到,但是承载能力已非早期可比,用材也很小。

托脚的情况也是基本如此,在早期的梁架结构中它是不可缺少的,宋代时还有跨两步架的大托脚,明代起托脚就很少见到(参见图10.1)。

图10.1　托脚

⑤襻间。从唐代到元代,槫下都附有与槫平行的襻间,拉紧相邻的两个梁架,两端插在驼峰或蜀柱上。明代起已经不再用襻间,改为在桁下用桁垫板和枋,到清代形成“桁—垫板—枋”的固定关系(参见图10.2)。

图 10.2　襻间

⑥斗拱。斗拱是在唐代定型的，到宋代已经发展得十分完备、规制成熟。斗拱发展中的显著变化是从元代开始的，比较重要的变化是：斗拱用材是由大变小的。宋代用"材"作为衡量构件尺度的单位，清代用"斗口"，虽然这两种用材单位自身的比例变化不大（宋式的用材比例为3∶2，清式为5∶4），但是用材的实际尺寸减少很多（参见图10.3）。观察从唐到清各个时期的建筑实物，就会清楚地看出斗拱由大变小的趋向。再加上柱子是由粗壮变细高，斗拱层在整个立面中所占的比重越发显得少了。因此，计算斗拱层高度与柱高的比例关系也是大致区分时代的常用方法。

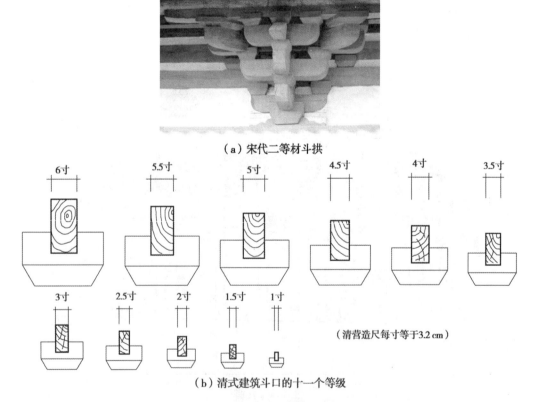

（a）宋代二等材斗拱

（清营造尺每寸等于3.2 cm）

（b）清式建筑斗口的十一个等级

图 10.3　斗拱

斗拱，分为内檐斗拱和外檐斗拱两种，唐代建筑在梁架结构的内部节点上使用内檐斗拱，唐以后内檐斗拱的使用渐少，到清代只有极重要的建筑才在构架内部使用斗拱（清式称为隔架科），如表10.1所示。

表 10.1 各时代斗拱的高度比例

斗拱层高度与檐柱高度的比例	时代
4/10～5/10	唐、辽初
3/10	宋、辽、金
2/10	明
1.2/10	清

外檐斗拱的布置和数量具有显著的时代性,主要体现在补间铺作的使用上。唐代不是每个建筑都用补间铺作的,用补间铺作的时候其式样与柱头铺作不一致,出跳数少一些,或者用人字拱。宋代的补间铺作外观式样与柱头铺作相同,每间施用一朵,当心间可用两朵。元代基本与宋代相同,假昂出现后,常常是补间铺作用真昂而柱头铺作用假昂。明代起补间铺作数量大大增加,用到四至六朵。清代就更多了,可达到八朵。通过观察建筑物补间铺作的疏密就能够将明、清时期的建筑同早期的区别开来。至于明、清建筑的区别,则在于斗拱的中心间距是否相等上。因为明代建筑在确定规模时是先确定开间尺寸,再于每个开间之内均匀布置各朵补间铺作,若从当心间到梢间开间尺寸变化,各朵斗拱的中心距就会不同。而清工部《工程做法》中则规定各朵斗拱的中心距全为 11 斗口,以此作为确定开间面阔尺寸的基数,即开间面阔尺寸总是 11 斗口的整数倍。

元代出现了假昂,即外跳华拱的外端头加工成斜向下的昂形,不再是真昂贯穿外檐斗拱和内部梁架、起挑杆的作用。元代的建筑中还是真昂和假昂并用,到清代所有的昂都是假昂;以前斗拱的第一跳跳头上都用华拱,从第二跳起才开始用昂,假昂出现后有了第一跳就用昂的做法;元代以前的斗拱是既有偷心造,又有计心造,元以后偷心造做法就很少能够看到了;辽代的斗拱中出现"斜拱",即与斗拱纵向中心线呈一定角度的拱,有 45°、60°。明代又出现了斜昂,还出现了"如意斗拱",大量的使用斜拱和斜昂,密密排布犹如网状,多用在建筑立面正中的补间铺作上。清代如意斗拱主要用在牌坊上。

11

保护性建筑测绘成果要求及范例

11.1　测绘工作内容要求

（1）对建筑进行分区和编号

（2）文字研究报告

①针对单体或院落建筑,应对其进行调查及评估,内容包括:建筑名称(含原有名称)、地址(区位条件、周边关系)、修建年代及历史变化情况、现状描述(形态、结构、层数、材料、屋顶形式、特色构件、色彩等风貌特征,使用功能、产权归属、面积规模、建筑特色与价值、现状完好程度、保护及使用主体等)。

②针对历史文化名镇、名村、街区、传统风貌区等片区,在对其内每栋现存建筑按照第①条进行调查及评估的基础上,还应对整个片区进行整体研究,内容包括:区位说明、功能结构说明、场地现状说明、历史沿革、价值及特色研究、街巷空间研究、环境景观研究、历史人文研究等。

（3）测绘图纸

①针对单体或院落建筑,应包括:建筑区位图(市、区/县、周边三个层面),建筑总平面图(1∶300~1∶500),建筑平面图、立面图、剖面图、屋顶平面图(1∶100~1∶300),建筑详图(1∶20~1∶75),建筑模型。

②针对历史文化名镇、名村、街区、传统风貌区等片区,在对其内每栋保护性建筑按照第①条要求进行建筑测绘的基础上(建筑区位图应表达建筑在整个街区的位置关系),还应对整个片区进行整体测绘,内容包括:街区区位图(市、区/县、周边三个层面),街区屋顶平面图、总

平面图(1∶500—1∶2 000),主要沿街立面测绘图、街巷空间横断面图(1∶300—1∶500),街巷景观节点大样图(1∶100—1∶300)。

在图纸排版时,考虑到图面美感、完整性等因素,也可根据需要,对图纸比例进行适当调整以适应图幅大小,但需在图中标注详细的比例尺。

(4)现状照片和视频

现状照片和视频包括:反映片区整体(或群体)建筑空间及街巷形态、单栋建筑或建筑院落平面、立面、剖面、屋顶、建筑构造及装饰构件细部、周边环境的照片和视频;老照片和历史纪录片。在后期绘图过程中,还应对照片进行编号,并在相应测绘图纸的具体位置上进行注明。

(5)保护整治方式分类及下一步保护利用措施建议

保护整治方式分为修缮、维修改善、保留、整修改造等;下一步保护利用措施建议包括:完全保留、结构保留、外皮保留、构件保留等。

11.2 测绘图纸成果要求

1)图纸表达统一标准

①每图均设比例尺,尺度不宜太大,设于图名右侧。

②每图均应有图名,图框按统一要求。

③图名规范:区位图;总平面图;××标高平面图;××(东西南北等八个方位朝向)立面图;1-1 剖面图、2-2 剖面图等;详图①、详图②、详图③等;照片索引图、照片图集(根据平面尺寸大小以及复杂程度,可以合并在同一个图内)。

④关于比例:以 A3 图幅内表达清楚为前提。

a. 小样图:每图尽量充满图幅,标注相应比例并附比例尺;对于无法在 A3 图纸中清楚展示的平、立、剖面细部,又不宜以详图方式表达的,可以用 A3 图纸拼接或分段布图(先布一张完整的图,在上面标注分段记号,然后按顺序分段布置在几张 A3 图幅内)。

b. 大样图:以在 A3 幅面内清楚表达为主,比例可调。

⑤布图紧凑,尽量不留大而无用的空隙。

⑥按顺序布图:封面、文字说明、目录、然后按第 3 条图名顺序。

2)图纸深度要求

(1)文字说明

关于测绘信息真实性的说明:图中所有未作特殊标注的信息均默认为实测所得,其余不确定信息均应标注其获得方式或推测理由,并附有相关图片资料。

(2)区位图

①指北针。

②城市地块使用现状(加文字描述,如:传统街区、××单位用地、商业用地等)。

(3)总平面图

①指北针。

②外部空间(如广场、院子)、现状道路(紧临或对建筑和场地关系密切的,有名称的应标

出名称)。

③周边与风貌有关的建筑(可简化表示)层数、建筑质量、使用现状及可能的建设时间。

④植物的树径、树冠大小及树种。

⑤竖向关系。

⑥图例(铺地、绿化、地面材料)。

(4)平面图

①应表达剖到及正投影后看到的一切信息,包括建筑台基、台阶、柱础、柱、墙基、墙、门窗、地面铺装等,并标注轴线尺寸和总尺寸。

②墙厚标注:明确的才标,标实测位置,如:此处墙厚350,必要时后面要标注"此点墙厚不能完全代表整段墙的厚度"。

③台基、台阶、柱础、柱、墙基、墙、门窗、地面铺装的材料、做法标注,地面铺装还应标注划分方式(可以用实际尺寸直接图示)。

④剖切材料图例:砖、木、石材、混凝土等按标准图例;夯土墙体以灰点填充。每图在图名下附图例。

⑤加建平面范围用淡灰点阵填充,并加图例和标注文字。

⑥非常明确的近期加建、临时搭建的墙体,不打断原有结构墙线。

⑦补充可能的加建时间、原因等信息。

⑧标注现状房间功能。

⑨高窗图例正确。

⑩标高关系标注。

⑪线型检查;板壁墙线型可以用中粗。

⑫剖面引出符号及位置。

(5)立面图

①应表达正投影后看到的一切信息,包括建筑台基、台阶、柱础、柱、墙基、墙、梁、枋、屋面、门窗等,并标注轴线尺寸、楼层尺寸和总尺寸。

②台基、台阶、柱础、柱、墙基、墙、梁、枋、屋面、门窗等的材料、做法标注,标注应引至图外。

③立面材料表达尽量按真实比例,可用灰度线打印。

④屋面瓦材种类尺寸和立面砖的规格及砌筑方法应标注,附照片。

⑤不宜简单填充,可以绘制一部分后者阵列,或简化表示并加标注。

(6)剖面图

①应表达剖到的及正投影后看到的一切信息,包括建筑台基、台阶、柱础、柱、墙基、墙、梁、枋、屋面、屋顶、楼板、门窗等,并标注轴线尺寸、楼层尺寸和总尺寸。

②结构的标注(实测和推测需注明)。

(7)建筑详图

①屋架。

②楼梯。

③门窗。

④有雕饰的建筑构件。

⑤特殊部件。

⑥装饰线脚。

⑦特殊构造做法。

（8）建筑模型

建筑模型包括建筑内部和外部所有的承重体系、维护体系及装饰体系。

（9）建筑照片资料

①照片拍摄点及拍摄方向定位：利用平面、立面、剖面图简化成线框示意图后，详细标注照片位置。

②照片集：根据定位点编号后，按顺序布置，每张图片有图名并附加文字说明。

11.3　古建筑成果标准范例

建筑名称（曾用名）：×××

所在地址：区（县、乡）、街道（村）、门牌号

测绘单位：×××××

测绘时间：某年某月某日

测绘人员：×××

面积规模：用地面积（占地面积 M2），建筑面积（M2），建筑高度（M）

修建年代：年或年代

历史沿革及权属：建成后各阶段的使用功能、产权归属、保护及使用主体等，与该建筑相关的名人、历史事件等。

现状描述：关于风貌特征：建筑风格、结构类型及层数、材料及色彩、屋顶形式、特色构件等。关于保存现状：主体结构（墙、柱、梁、楼板、屋架等）、板壁、门窗、屋面（瓦、檐口、老虎窗）等的描述。是否存在不同历史时期的加建、改建情况。

考证文献汇总：相关的文史、档案资料（如各级地方志，建设档案等）原文摘录汇总，该建筑的原始图纸档案翻拍汇总。

建筑特色与价值：对该建筑的特色与价值分析、提取、描述。

修复建议：提出修复建议。

图纸标准：图纸内容应包括区位图、总平面图、平面图、立面图、剖面图、详图、现状照片汇总图（附现状文字描述）、历史文献及多媒体资料汇总、模型（非必备）等，具体要求见附表11.1。

提交成果要求：

①纸质成果：A3 文本 3 套，包括文字报告、图纸内容。

②电子成果：光盘 2 套，包括文字报告、图纸内容、以及相关其他附件（照片、视频、文献等）。

其中，图纸内容的 DWG 文件需同时提供对应导出的 JPG 文件。

测绘图纸目录及图纸表达内容（以重庆市状元府为例）：

建筑总平面图——图 11.1。

建筑平面图——图 11.2。

建筑立面图——图 11.3。

建筑剖面图——图 11.4。

建筑详图——图 11.5。

现状照片平面索引图——图 11.6。

现状照片立面索引图——图 11.7。

现状照片——图 11.8。

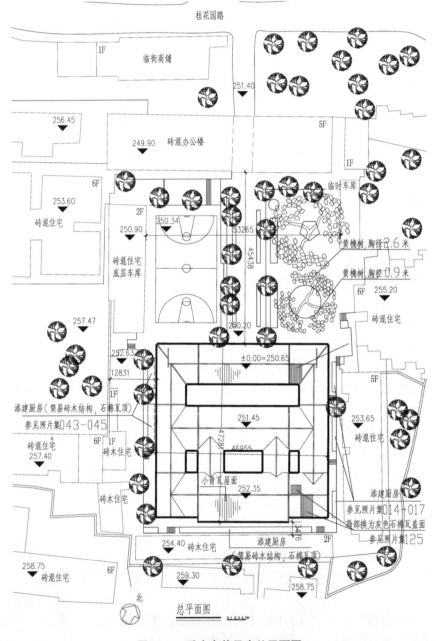

图 11.1　重庆市状元府总平面图

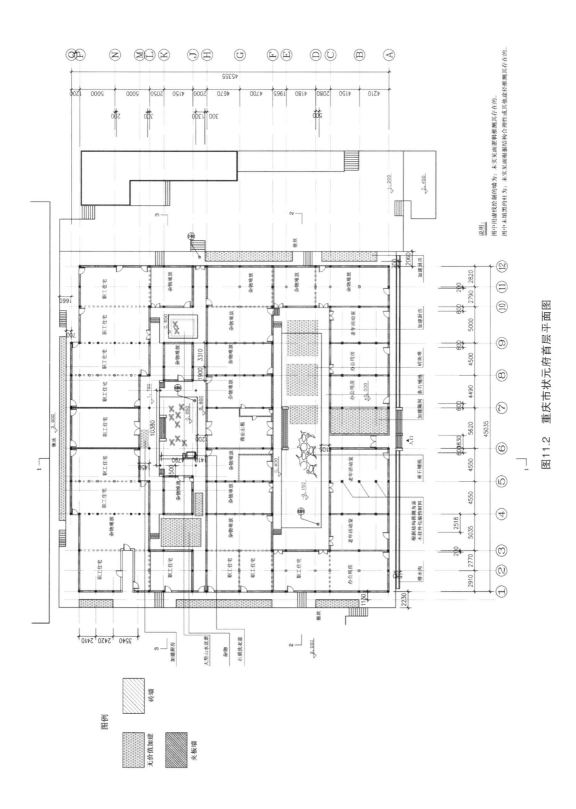

图11.2 重庆市状元府首层平面图

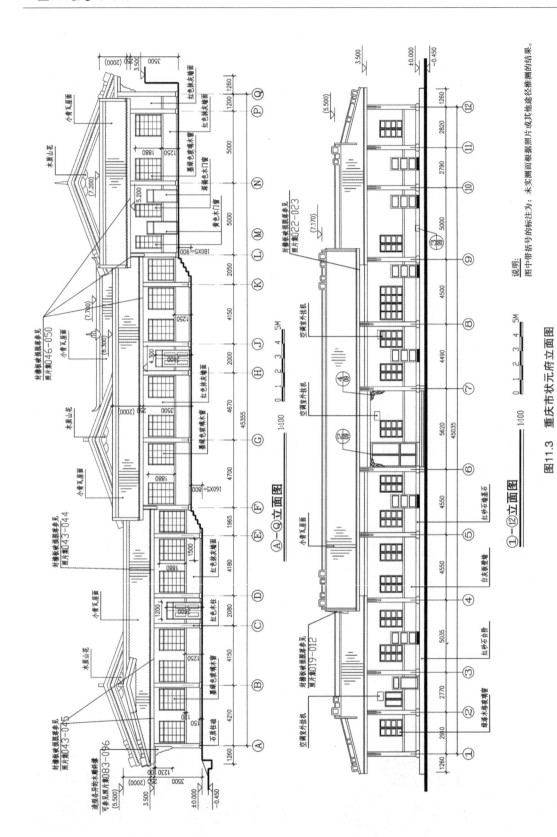

图11.3 重庆市状元府立面图

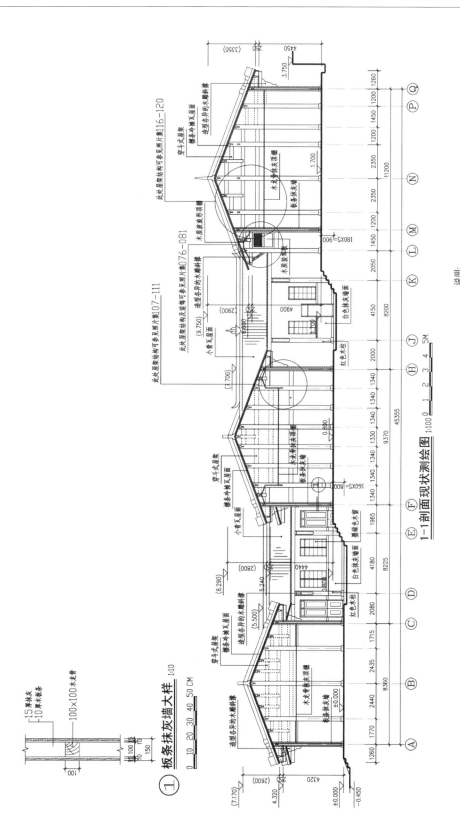

① 板条抹灰墙大样 1:10

1—1剖面现状测绘图 1:100

图11.4 重庆市状元府剖面图

说明：
图中带拓号的标注为：未实测而根据照片或其他途径推测的结果。
图中用虚线绘制的部分为：未实见而根据其他推测的结构部分的样子。

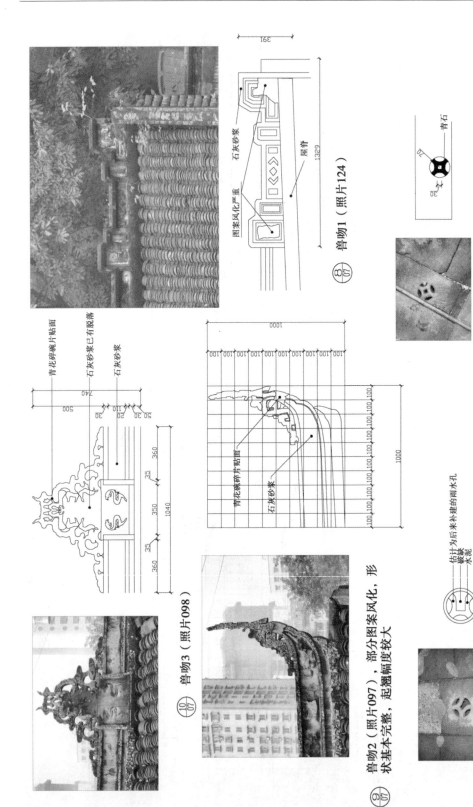

图11.5 建筑局部详图（部分）

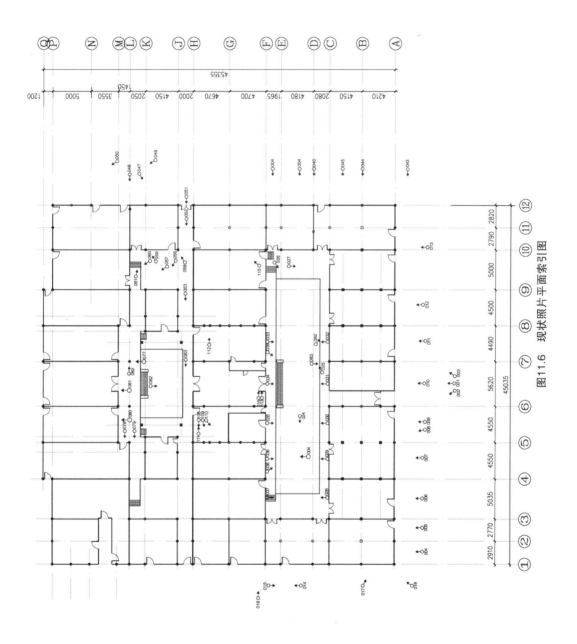

图11.6　现状照片平面索引图

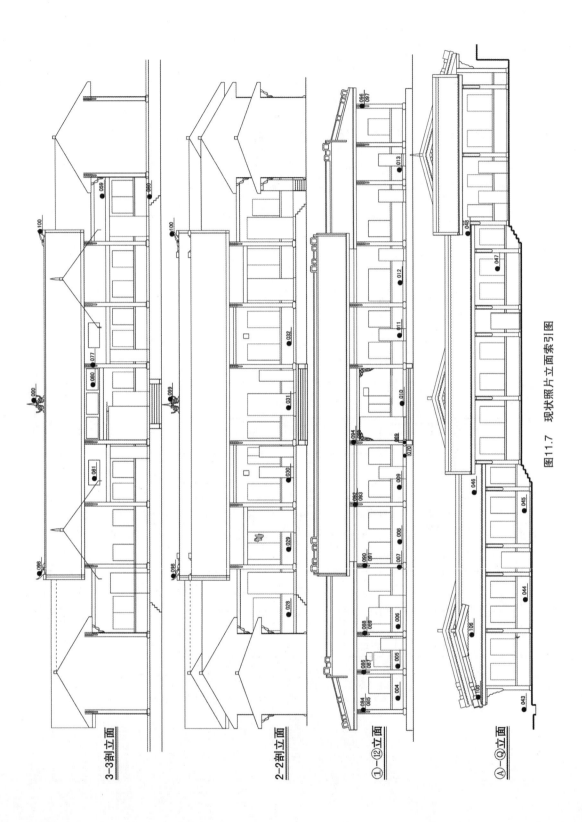

图11.7 现状照片立面索引图

3-3剖立面

2-2剖立面

①-⑫立面

Ⓐ-Ⓠ立面

007 正立面左起第4、5个柱子之间
院前绿化很好，与建筑交相辉映

008 正立面左起第5、6个柱子之间
房间内为老年活动室，两扇窗户，并安装有空调

009 正立面左起第5、6个柱子之间
安装防盗门；门前的绿化较好2

010 正立面正中间，正立面左起第6、7个柱子之间
屋下用竹席钉补部分出现脱落；正门已经被改建
于两个柱子上；

011 正立面左起第7、8个柱子之间
现为重庆教育学院工作点；安装有防盗门，空调
门前的绿化；

012 正立面左起第8、9个柱子之间
其上檐板略有裂缝；安装有防盗门

图11.8 现状照片（部分）

附　录

安全责任书

一、安全注意事项

严格按照带队老师的规定行事,不允许违反带队老师的要求,否则出现的任何问题,由学生自己承担相应的责任。

1. 出发前务必带上学生证,有身份证的连同身份证也一起带上。

2. 在等候乘车和下车时,各班同学都应以班为单位,聚在一起,便于老师组织上下车。各班班委负责人,在本班同学上车和下车时,都应及时清点本班人数。

3. 加强时间观念,牢记集合时间、上车时间、出发时间、吃饭时间、点名时间、旅店关门时间等。行程中,请务必准时,以免影响大家行程。

4. 加强集体观念、团队意识,个人服从集体。严禁擅自离队,如要离开团队,即使是几分钟也要向老师和同学打招呼。

5. 搭乘游览车时请注意游览车的公司名称、颜色、车号,以免停车后找不到所乘游览车。

6. 禁止未经教师允许,互换宿舍。

7. 个人的钱款和贵重物品要随身带好。尽管有老师带队,但千万不要掉以轻心。坐车时不要将钱款和贵重物品放在托运行李中。

8. 禁止上网吧、酒吧,打麻将,喝酒。

9. 遵守法律、法令,尊重当地的风俗习惯,遵从当地景区管理人员的管理。克制情绪,礼貌谦让,和睦共处,避免与当地人或其他学院的学生发生冲突。严禁挑衅寻事打架,违者必给予严重处分。

10.禁止在当地租骑自行车及摩托车。

11.如遇突发紧急状况,请立刻联系带队老师,同时拨打报警电话。

二、生活方面

由于测绘环境一般较为复杂,建议自备一些基本的药品,如防暑降温药、晕车药、肠炎药等。此次出行正值夏季,气候闷热,请各位同学注意备好防蚊蝇叮咬的物品。

学生签字:

日　　期:

附录2　历史建筑测绘分组表

历史建筑测绘分组表

组号	组长		测绘员				记录员	摄影	采访
	姓名	联系方式							
第一组									
第二组									
第三组									
……									

备注:采访同学负责所测对象的相关历史背景、建筑材料、建筑风格等材料。

附录3　保护性建筑测绘技术要点

1.测绘工具准备

1)测量工具

皮卷尺(1个/组):常用规格有15、20、30、50 m等。皮卷尺应用广泛,从总平面到单体建筑平面上的各种尺寸及高度、柱围等都可以用它测量。

软尺(1个/人):用来测量圆柱形构件的周长以换算出直径。

小钢卷尺(1个/人):常用规格有3、5、10 m等。用来测量中等及小尺寸,如柱距、台明的高度及宽度,台阶及铺地尺寸,梁、枋、板等构件的尺寸。

测距仪(1个/组):用来测量建筑屋顶、檐口高度等竖向尺寸,平面上的各种尺寸也可用其测量。

2）测量辅助工具

指北针（1个/组）：用来确定建筑物和建筑组群的具体方位。

梯子/高凳、竹竿、鱼竿和鱼线（1个/组）：梯子/高凳用来拍摄、测量高处的节点大样。在没有测距仪的情况下，用竹竿帮助确定建筑屋顶、檐口的高度，竹竿需挺直，大头直径应小于3.5 cm，长度在3~5 m较合适；或者将鱼线一端绑上重物（如小石块），将鱼竿接线一端挨近需测绘处，让鱼线自然下垂到刚好接地，然后用皮卷尺或软尺等测量工具测量鱼线长度，从而得出相应的高度。

皮卷尺　　　　　软尺　　　　　小钢卷尺　　　　测距仪

文件袋（1个/组）：用来装小组里一些公用的东西，如笔、绘图纸、纸胶带等小件，便于收纳。

手电筒（1个/人）：历史建筑若室内光线较暗，需要有手电筒辅助照明。

照相机（1个/人）：绘制草图时需要拍摄照片、影像作为对草图的补充。对于梁架节点、檐口等重要结构部位要适当多拍。一些艺术价值较高的构件和装饰细部，如脊饰、瓦当、月梁、雀替、驼峰、门窗、砖雕、石雕等必须拍摄照片。

3）绘图工具

坐标纸：带坐标和尺寸的工具纸，放置于绘图纸下，一般用纸胶带等固定在绘图板上，用于提高草图绘制的速度和准确性。

绘图纸：绘图纸最好有一定透明度（如拷贝纸），这样绘制同类草图（如一层平面与屋顶平面）时可以提高效率。

笔：绘制草图以铅笔为主，HB~2B铅笔较为合适。此外还应准备几支其他颜色的 Mark 笔或签字笔，用以标注尺寸及简要文字说明。

其他工具：画夹或小画板（A3 大小左右）、夹子（将图纸夹在画板上）、橡皮、直尺、美工刀、纸胶带、记事本等。

2. 测绘方法与要点

1）分工与组织

现场测量、绘图均以"组"为单位进行，每组由3~5人组成。较小体量的建筑每组3人即足够。

2）初步测绘

先勾画各层平面草图，标出柱子、墙体、门窗的定位及室内外标高。草图完成后，全组员配合测量，标出各层平面的尺寸。

在一层平面草图上蒙上有透明度的白纸，勾画屋顶平面草图，标出屋顶形式及屋脊位置。草图完成后，全组员配合测量，标出檐口出檐的尺寸（即外檐伸出宽度）。

勾画总平面草图,将屋顶平面与周边场地结合起来,标出道路、树木、围墙、台阶的位置及大致尺寸,标出朝向(用指北针)。

勾画立面、剖面草图,水平向尺寸利用各层平面已测数据(墙与墙的距离、柱与柱的距离、门窗定位等),出檐利用屋顶平面已测数据,全组员配合测量,重点标出台基高度、层高、屋脊高、门窗高度、梁架关系等竖向尺寸(可利用测距仪、竹竿、鱼竿和鱼线等)。

3)草图深化

在已有基础上,深化各自草图。各层平面需标出柱子尺寸,墙的厚度,柱子、墙、栏杆的材料(砖、木、土、竹编墙或其他),地面铺地形式(三合土、青砖、水泥、土或其他)。

屋顶平面需标注屋脊与檐口高度(可利用立面已测数据)。

总平面需标注场地标高。

立面、剖面需深化墙面材料、门窗材料、梁架材料等标注。

4)草图整理

现场的数据测量工作完成之后就开始进入草图的整理阶段,即将记录有测量数据的徒手草图整理成具有合适比例的、清晰准确的工具草图,作为绘制正式图纸的底稿。这项工作是不可缺少的,因为通过绘制工具图能够发现勾画徒手草图时不易发现的问题,如漏测的尺寸、测量中的误差、未交代清楚的结构关系等,也便于大样图和各种图案、纹饰及彩画的精确绘制。所以,草图的整理要在测量现场进行,当场发现问题,当场解决。

草图整理完成后,应对每张草图进行拍照,留取电子档案。

5)草图绘制要点

①根据草图内容的多寡、繁简,选择合适的比例,避免因比例过大在图纸上容纳不下,或是比例过小导致内容表达不清晰,且不便于标注尺寸和文字。

②墙体需画双线。

③要求线条清晰,草图中的每一个线条都应力求准确、不含糊,画错的线条必须擦除。

④图纸内容用铅笔勾画,标注则用有颜色的笔,对比鲜明,以免混淆。

⑤每一张草图都要编号(包括测绘对象名称、图纸名称、绘图人、绘图时间),例如:文庙—大成殿——层平面图,某某绘,××年×月×日。

⑥尽量沿着建筑轴线(柱中线)进行测量,以保证测量的连续性和准确性,切记勿随意寻找位置量取尺寸。

⑦一般统一以"mm"为单位,如3 m需在图上标为3 000,草图上要标明单位。总平面图上以"m"为单位。

⑧标注尺寸应有秩序,同类构件的尺寸在构件的同一侧、同一方向标记,不能忽上忽下、忽左忽右地随手乱记。

⑨往草图上标注数据的应是绘制该草图的人,以便熟悉数据内容。

6) 测绘草图范例

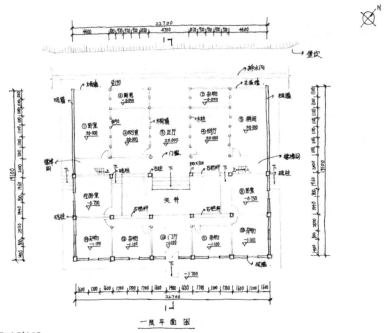

一层平面图

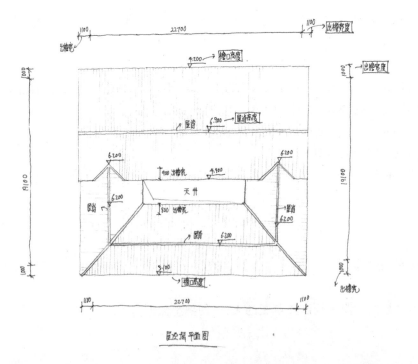

屋顶平面图

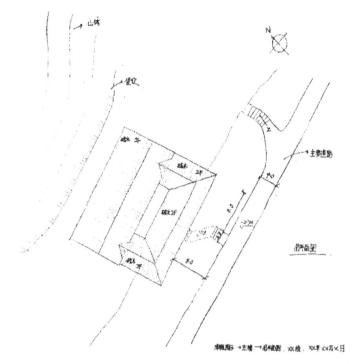

总平面图

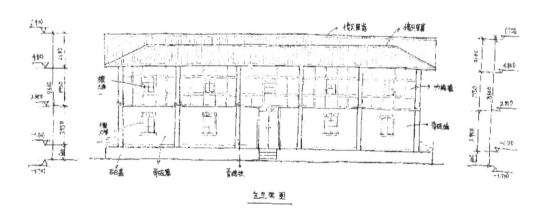

立面图

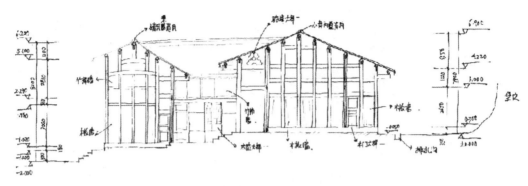

剖面图

3. 建筑现状照片拍摄

在现场测绘过程中,测绘人员应结合测绘草图的绘制,相应的拍摄建筑现状照片,如各层平面图测绘草图绘制完成后,应按照各层平面图上标注的序号(或分房间),逐一进行拍摄,重点拍摄地面铺地情况;屋顶平面图和总平面图测绘草图绘制完成后,应对建筑进行航拍;立面、剖面图测绘草图绘制完成后,应按照各立面、剖面编号逐一进行拍摄,重点拍摄立面门窗关系、剖面梁架关系等,尽量拍摄正面角度,立面、剖面过长的,可分节、分段进行拍摄;建筑具有特色构件(如雀替、斜撑、门窗等)、特殊构造的,也应按照相应编号逐一进行拍摄,且尽量拍摄正面角度,方便后期按照照片进行大样图的描绘。

照片应按平、立、剖、总平等分类到不同的文件夹,进行电子存档。

1)同层平面各房间内部照片范例

房间 1

房间 2

房间 3

房间 4

2）航拍图范例

3）立面照片范例

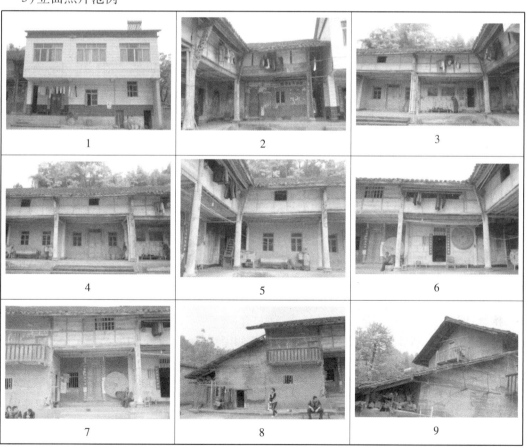

4）大样、细部照片范例

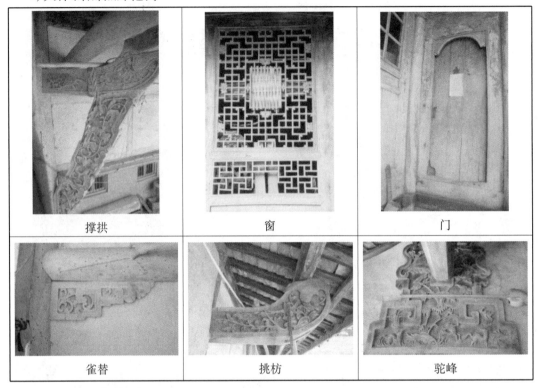

撑拱	窗	门
雀替	挑枋	驼峰

4.其他资料收集

除了测绘草图和现状照片，工作人员还应对当地居民、文物保护管理人员、房屋持有者和使用者等尽可能地进行访谈，可以通过笔录、录音等方式进行，为后期建筑历史沿革、特色等研究提供素材。访谈资料也应进行电子存档。

附录4　中国历史建筑相关名词

四铺作：宋代斗拱出一跳称为四铺作。从下而上，依次有栌斗、华拱、耍头、衬方头，共四层，故称四铺作。

左祖右社：东面为祖庙，西面为社稷坛。

抱厦：即在主建筑之一侧突出一间（或三间）。

一颗印：云南一颗印住宅，以地盘和外观方整如印为特征，分布于以昆明为中心的西至大理，南至普洱、墨江、建水，东至昭通的区域内。由于高原地区多风，故墙厚瓦重，住宅外围用厚实的土坯砖或夯土筑成，或用外砖内土，称金包银。印内的房屋梁架则主要是穿斗式。

嫩戗发戗：戗是指建筑的戗脊，发戗就是起翘。嫩戗发戗的特点是屋檐在屋角处显著升起，檐口至屋角处有很大起翘。

经涂九轨：南北道路宽九条车轨。

四阿顶:即四面坡的庑殿顶,宋代称四阿顶,或称五脊殿。

土楼:客家人的住宅,出于移民的缘故,以群聚一楼为主要方式,楼高耸而墙厚实,用土夯筑而成。形制:①以祠堂为中心,是客家聚族而居生活的必需内容,供奉祖先的中堂位于建筑正中央;②无论圆楼、方楼、弧形楼,均中轴对称,保持北方四合院的传统格局性质;③基本居住模式是单元式住宅。

收山与推山:推山是庑殿建筑处理屋顶的一种特殊手法。由于立面上的需要将正脊向两侧推出,从而四条垂脊由45°斜直线变为柔和曲线,并使屋顶正面和山面的坡度与步架距离不一致。收山是歇山屋顶两侧山花自山面檐柱中线向内收进的做法,目的是为了使屋顶不过于庞大,但引起了结构上的某些变化。

首都计划:近代中国由官方制定的较早、较系统的一次城市规划工作。首都计划把城市划分为6区——中央政治区、市行政区、工业区、商业区、文教区和住宅区。对南京的街道系统做了通盘的规划,采用当时美国一些城市流行的方格网加对角线的形式。把住宅区分为第一、第二、第三住宅区和旧住宅区。对于城市建筑形式也有专章规定,在"中国本位"思想支配下,极力提倡"中国固有之形式",特别强调"公署及公共建筑尤当尽量采用"。

舍宅为寺:南北朝时期,为了利用原有房屋,多采用"以前厅为大殿,以后堂为佛堂"的形式。

借景:借——充分利用周围环境中有利的条件,如"因高筑山,就低造水""俗则屏之,嘉则收之"都是借的体现,属于私家园林的设计手法中扩大空间的手法中"不尽尽之"的一种手法(外景被看到,借鉴到园中)。

地坑院:下沉式窑院是在没有天然崖面的情况下,于平地下挖竖穴成院,再由院内四壁开挖窑洞的方式。

燕尾榫:两块平板直角相接,为防止受拉力时脱开,榫头做成梯台形,故名"燕尾榫"。

侧脚与升起:侧脚,把建筑物的一圈檐柱柱脚向外抛出,柱头向内收进,其目的是借助于屋顶重量产生水平推力,增加木构架的内聚力,以防散架或倾侧。由于此法给施工带来许多麻烦,所以明代以后逐渐减弱最后废弃不用,代之以增加穿枋和改进榫卯等办法来保持木构架的稳定性。生起,屋宇檐柱的角柱比当心间的两柱高2-12寸,其余檐柱也依势逐柱升高。因而宋代建筑的屋檐仅当心间为直线段,其余全由曲线组成。屋脊也因此而用生头木将脊槫的两端垫高,形成曲线,使之与檐口相呼应。其他各槫的生头木则使屋面形成双曲面。清代建筑无角柱生起。

卷棚:又称为轩,是室内天花的一种。使用的位置常在檐柱与前后金柱间。结构由质轩梁、轩檩和轩椽组成。

样式雷:清代宫廷,在样式房供职时间最长的当推雷氏家族,人称"样式雷"。

面朝后市:前面是朝廷宫室,后面是市场和居民区。

四面厅:四面设落地窗,利于四面观景。

以材为祖:所谓以材为祖,就是木结构中的许多尺寸"皆以所用材之分,以为制度焉"。这些尺寸是根据设计时对建筑所选用某一等级的"材"及其相关尺寸为依据来确定的。

通面阔:木构建筑正面相邻两檐柱间的水平距离称为开间(面阔),各开间宽度的总和称为通面阔。

当心间:建筑正中一间称为明间,宋称当心间。

九经九纬:纵横各九条道路。

垂花门:是指檐柱不落地,悬在中柱穿枋上,下端刻花瓣连珠等富丽木雕。屋顶用勾连搭。多用于北京四合院第二道门。

举架:又称举折,举是指屋架的高度,常按建筑的进深和屋面的材料而定。在计算屋架举高时,由于各檩升高的幅度不一致,所以求得的屋面横断面坡度不是一根直线,而是若干折线组成的,这就是折。

封火山墙:封火山墙是一种屋顶与墙山的组合形式,多见于江南。其墙山高出屋顶,呈阶梯状,这样可以有效防止火灾蔓延,故得名。

明器:明器指的是古代人们下葬时带入地下的随葬器物(即冥器),同时还是指古代诸侯受封时帝王所赐的礼器宝物。

巧于因借:所谓因,不仅是因其地,因其材,而且是因之于整个环境:因山而成山地风景;因水而成水域风景。因的成功与否在于巧妙应顺地形地貌,恰当利用原有景物,使之充分显示其特性与本质美。所谓借,即借景。巧于因借的目的在于全天逸人,全天就是保全景色的天然真趣,人为加工只能起到画龙点睛的作用,为山水林泉增色。

石窟:石窟原是印度的一种佛教建筑形式。佛教提倡遁世隐修,因此僧侣们选择崇山峻岭的幽僻之地开凿石窟,以便修行之用。印度石窟的格局大抵是以一间方厅为核心,周围是一圈柱子,三面凿几间方方的"修行"用的小禅室,窟外为柱廊。中国的石窟起初是仿印度石窟的制度开凿的,多建在中国北方的黄河流域。

骑楼建筑:骑楼是一种商住建筑,骑楼这个名字描述的是它沿街部分的建筑形态。它的沿街部分二层以上出挑至街道红线处,用立柱支撑,形成内部的人行道,立面形态上建筑骑跨人行道,因而取名骑楼。

通进深:屋架上的檩与檩中心线间的水平距离,清代称为步。各步距离的总和或侧面各开间宽度的总和称为通进深。亦即前后檐柱间的水平距离。

照壁:照壁,是中国传统建筑特有的部分。明朝时特别流行,一般讲,在大门内的屏蔽物。照壁可位于大门内,也可位于大门外,前者称为内照壁,后者称为外照壁。形状有一字形、八字形等,通常是由砖砌成,由座、身、顶三部分组成,座有须弥座,也有简单的没有座。

轿厅:旧时官宦士绅宅院中停放轿子的厅屋。在第二进,也有与门厅布置在一起的,是供客人和主人上下轿的地方。

欲扬先抑:在进入园中和主要景区之前,先用狭小、晦暗、简洁的引导空间把人们的尺度感、明暗感、颜色的鲜明度压下来,运用以小衬大、以暗衬明、以少衬多的手法来表达豁然开朗的效果。

塔院寺:以塔为窟的中心,这种窟在大同云冈石窟较多。

开平碉楼:开平碉楼位于广东省江门市下辖的开平市境内,是中国乡土建筑的一个特殊类型,是集防卫、居住和中西建筑艺术于一体的多层塔楼式建筑。其特色是中西合璧的民居,有古希腊、古罗马及伊斯兰等多种风格。根据现存实证,开平碉楼约产生于明代后期(16世纪)。

镏金斗拱:由外檐有昂而室内无天花的斗拱发展而来,有很强的装饰效果。盛行于明清两代不用天花的殿宇内。

方上:秦始皇营建骊山陵,大崇坟台。汉因秦制,帝陵都起方形截椎体陵台。

出际:樽头伸到山墙以外的部分称"出际"(也叫屋废),其长度依屋椽数而定。

石库门:石库门是最具上海特色的居民住宅。上海的旧弄堂一般是石库门建筑,它起源于太平天国起义时期,当时的战乱迫使江浙一带的富商、地主、官绅纷纷举家拥入租界寻求庇护,外国的房产商乘机大量修建住宅。20世纪二三十年代,围合仍是上海住宅的主要特征,但不再讲究雕刻,而是追求简约,多进改为单进,中西合璧的石库门住宅应运而生。这种建筑大量吸收了江南民居的式样,以石头做门框,以乌漆实心厚木做门扇,这种建筑因此得名"石库门"。

喇嘛塔:分布地区以西藏、内蒙古一带为多。多作为寺的主塔或僧人墓,也有以塔门(或称过街塔)形式出现。内地喇嘛塔始见于元代,明代起塔身变高瘦。

画舫斋:一种特殊的园林建筑,它的原型是江舟。常见的式样是把建筑物分成前舱、中舱、后舱三部分,也有不分舱的做法。

金厢斗底槽:宋代殿阁内部4种空间划分方式之一,其特点是殿身内有一圈柱列与斗拱,将殿身空间划分为内外两层空间,外层环包内层。

工字殿:就是在平面图上看,两座大殿,平行布局中间加一条中廊,成为"工"字形,所以把这样的殿称为工字殿。也就是前殿与后殿由中廊连接,使其成为一体,扩大体量,显出宏伟的气魄。

余意不尽:采用联想手法,拓宽景域的想象与感受;或把水面延伸到亭阁之下,或由桥下引出一弯水头,以诱发源头深远、水面开阔的错觉;或使假山的形状堆成山趾一隅,止于界墙,犹如截取了大山的一角,隐其主峰于墙外;或将进深甚浅的屋宇做成宏构巨制的局部。至于用匾额楹联来点景,则更可收到发人遐想、浮思联翩的效果,从而加深景域的意境。

藻井:高级的天花,一般用在殿堂明间的正中,如帝王御座、神佛像座之上。形式有方形、矩形、八角形、圆形、斗四和斗八形。

步架:清式建筑木构架中,相邻两条桁(檩)之间的水平距离,称为"步架"。古建筑木构架中,相邻两檩中心线的水平投影距离,也简称步;宋代的《营造法式》称架,或椽架。根据檩的布置和数量,常将木构架划分为若干个步架。其中,正脊两侧的步架称脊步,檐檩内侧的步架称檐步,脊步与檐步之间的步架称金步。木构架如有金柱,则檐柱与金柱之间的檐步,有时也称廊步。

进深:一是指建筑物纵深各间的长度。即位于同一直线上相邻两柱中心线间的水平距离。各间进深总和称通进深。在建筑学上是指一间独立的房屋或一幢居住建筑从前墙壁到后墙壁之间的实际长度。进深大的房屋可以有效地节约用地,但为了保证建成的建筑物有良好的自然采光和通风条件,进深在设计上有一定的要求,不宜过大。目前我国大量城镇住宅房间的进深一般要限定在5 m左右,不能任意扩大。住宅就进深,是指住宅的实际长度。在1987年颁布的《住宅建筑协调标准》中,规定了砖混结构住宅建筑的进深常用参数有:3.0 m、3.3 m、3.6 m、3.9 m、4.2 m、4.5 m、4.8 m、5.1 m、5.4 m、5.7 m、6.0 m。二是指家具侧视面的长度。

都料:汉唐时期,掌握设计与施工的技术人员称作"都料"。"都料"专业技术熟练,专门从事公私房设计与现场指挥,并以此为生。一般房屋都请他们在墙上画图后按图施工。房屋建成后还要在梁上记下他们的名字。"都料"的名称直到元朝仍在沿用。

都柱:在秦、汉宫室建筑遗址和崖墓中,有的厅堂平面中仅设一根柱子。都柱这一名称后来也被借用来指称汉代科学家张衡所制作的候风地动仪中间的一根上粗下细的铜柱,这是该仪器的中枢结构。

斗拱:是中国历史建筑中用以连结柱、梁、桁、枋的一种独特构件,它是我国木构架建筑特有的结构构件,由方形的斗升和矩形的拱以及斜的昂组成,在结构上挑出承重,并将屋面的大面积荷载传到柱上,用于柱顶、额枋和屋檐或构架间。宋《营造法式》中称为铺作,清工部《工程做法》中称斗科,通称为斗拱。斗是斗形木垫块,拱是弓形的短木。拱架在斗上,向外挑出,拱端之上再安斗,这样逐层纵横交错叠加,形成上大下小的托架。斗拱最初孤立地置于柱上或挑梁外端,分别起传递梁的荷载于柱身和支承屋檐重量以增加出檐深度的作用。唐宋时,它同梁、枋结合为一体,除上述功能外,还成为保持木构架整体性的结构层的一部分。明清以后,斗拱的结构作用退化,成了在柱网和屋顶构架间主要起装饰作用的构件。

拱:是置于坐斗内或跳头上的短横木。拱的名称依部位的不同而不同。凡是向内外出跳的拱,清式叫翘(华拱或卷头)。

瓜拱(宋称瓜子拱):跳头上第一层横拱。

万拱(慢拱):跳头上第二层横拱。

厢拱(金拱):最外跳在挑檐檩下的,最内跳在天花枋下的。

正心瓜拱(泥道拱):出坐斗左右的第一层横拱。

正心万拱:(慢拱)出坐斗左右的第二层横拱。

单拱:坐斗口内或跳头上只置一层拱的称为单拱(二层的称重拱)。

栌斗:斗拱的最下层,重量集中处最大的拱。

华拱:宋式的一种拱的名称,垂直于立面,向内外挑出的拱。

泥道拱:栌斗口内与华拱相交者,最下方的横拱(宋称)。最外跳在挑檐檩下,最内跳的单层横拱。

令拱:每一跳的跳头,单层横拱。

双层斗拱:宋代分别称为瓜子拱(下方短粗)和慢拱(上方细长)。

交互斗:位于横拱与华拱相交处,承托横拱和华拱传来的双向合力的拱。

齐心斗:在华拱或横拱正中承托上一层拱正中的斗。在令拱上方中心,承托枋传来的力的斗,一般有两个。

斗拱的出跳:出跳的轴线到中轴线的距离为一跳,一般前后各出一跳。

出一跳——四铺作;出两跳——五铺作;出三跳——六铺作;出四跳——七铺作;出五跳——八铺作(据宋《营造法式》)。

五铺作作重拱单杪(音邈 miǎo)单下昂,里转五铺重拱出双杪并计心。(重拱——瓜子拱,慢拱重叠布置。一杪——出一个华拱(垂直于立面的拱叫华拱)。)

并计心——用计心做法,每一跳都有横拱。偷心做法——每出一跳缺少横拱。清代每一轴线为一"踩",例如宋代出两跳的,清代为五踩(踩即踩,足践也)。

坐斗:位于一组斗拱最下的构件称为坐斗(大斗,宋为栌斗)有时也可以单独使用。

斗口:坐斗正面的槽口,在清代作为衡量建筑尺度的标准。

斗耳:斗口两侧凸起的部分。

斗腰:斗口下垂直部分。

斗底:斗下倾斜的部分。

平盘斗:没有斗耳的,常用于角科。

人字拱:古代建筑斗拱组合形式的一种,亦称人字形拱。常用于槽下补间,在额枋上用两根枋材斜向对置而成,拱顶置斗,承托檐檩,下脚设榫入额背,是早期建筑中较为常见的一种斗拱。在早期建筑资料(壁画、石雕、画像石线刻)中,汉至北魏多用直脚人字拱,两晋南北朝渐变为曲脚人字拱,且出现单独使用、与一斗三升拱组合使用、在拱脚间加设短柱等组合形式。西安大雁塔门楣石刻所刻佛殿檐下的补间人字拱仍是曲脚拱,不出跳。唐以后人字拱的使用极为少见。

一斗二升交麻叶斗拱,清式大小作斗拱名称,常用于廊子、亭子檐枋之上或宫殿、宫门脊枋之上。斗拱不出踩,主要起隔架和装饰作用。

镏金斗拱:多用于宫殿、庙宇,外跳与一般平身科相同,内跳用斜上菊花头,六分头搭在金主内额上,与外跳构件不发生联系,完全不起结构作用。

耍头:最上一层拱或昂之上,与令拱相交而向外伸出如蚂蚱头状者。

铺作:斗拱的出跳,1 跳=4 铺作。

偷心造:斗拱构造形式之一,横拱的设置少于斗拱出踩,如斗拱各向内外两侧挑出三拽架称为七踩,应列有七列横拱,但在制作时却省去一列或数列横拱,这种做法称为偷心造。

插拱:全部都是偷心造的做法。

计心造:宋代斗拱中,每一跳的华拱或昂头上放置横拱的一种斗拱的结构方法。

叉柱造:(上下柱交接)将上层檐柱底部十字开口,插上平座柱的斗拱内,而平座柱则插立在下檐柱斗拱上,但向内退半柱径。缺点是柱脚开口,影响柱体强度。立面上因收进较少,外观不稳定。优点是构造上省事,不用增加构件。

缠柱造:上层檐柱不立在平坐柱及木斗木共之上,而立在柱脚方上,在下层柱端增加一根斜梁上层柱立于此梁上。(另一种解释:它是下层柱端增加的一斜梁,将上层柱立于此梁上。结构外观稳妥,但要加梁,角部各面还要增加一组斗拱——附斛(音 hú))

古典柱式结构:建筑部分正面直接位于柱头上,通常由支撑的阑额、装饰的缘及突出的檐口构成。

列柱:一整排间隔规律的柱子。

多柱式建筑:由多根间隔略均等的柱子支撑屋顶的厅堂。

反回文:波浪状装饰线条,上凸下凹。

支柱:木制构件,通常用于支撑椽。

柱:梁柱结构中的垂直构件。

柱子:建筑垂直构件,通常横切面为圆形,功能为结构支撑或装饰,或兼而有之,包括柱础、柱身和柱头。

柱身:柱子圆柱状,从柱础到柱头间的部分。

柱廊:建筑有列柱的门廊。

柱头:柱子顶端部分,支撑古典柱式结构比柱身宽,通常会刻意加以修饰或装饰。

雷公柱:①用于庑殿建筑屋脊两端太平梁之上,用于支顶脊桁挑出部分的柱子;②用于攒尖建筑斗尖部位的悬空柱。在历史建筑中,避雷装置主要是用"雷公柱"。这种装置有三种形式:一是亭、阁上的宝顶及佛塔的塔刹,下面设有雷公柱;二是牌坊之类的建筑,在高架柱处设雷公柱;三是殿堂的顶上,在屋脊两端的正吻下面,也设置雷公柱。古代匠人懂得,建筑物的这些部位,都是最易受雷击的地方。

垂莲柱：在垂花门麻叶梁头之下有一对倒悬的短柱，柱头向下，头部雕饰出莲瓣、串珠、花萼云或石榴头等形状，酷似一对含苞待放的花蕾，这种短柱称为"垂莲柱"。

砌上明造：屋内不用平綦，梁架斗拱结构全部可以显露可见，则月梁负屋盖之重。

瓦当：俗称瓦头，是历史建筑的构件。屋檐最前端的一片瓦为瓦当，瓦面上带有花纹，垂挂圆形的挡片，起着保护木制飞檐和美化屋面轮廓的作用。不同历史时期的瓦当有着不同的特点。秦瓦当纹饰取材广泛、图案写实、简明生动。这时的瓦当纹饰以动物形象居多，有鹿、四神、鸿雁、鱼及变化的云纹。汉代瓦当在工艺上达到顶峰。纹饰题材有四神、翼虎、鸟兽、文字等。出现了以瓦当心乳钉分隔画面的布局形式。魏晋南北朝时期的瓦当当面较小，纹饰以卷云纹为主，文字瓦当锐减。在唐代，莲花纹瓦当最常见，文字瓦当几乎绝迹。宋代开始用兽面纹瓦当，明清多用蟠龙纹瓦当。

瓦肆：瓦肆是随着宋代市民阶层的形成而兴起的一种游乐商业集散场所。瓦肆又称"瓦舍""瓦子""瓦"。取名"瓦舍"，是勾画其特征，与建筑无关。

封泥：又称为"泥封"，它不是印章，而是古代用印的遗迹——盖有古代印章的干燥坚硬的泥团保留下来的珍贵实物。由于原印是阴文，钤在泥上便成了阳文，其边为泥面，所以形成四周不等的宽边。封泥的使用自战国直至汉魏，直到晋以后纸张、绢帛逐渐代替了竹木简书信的来往，改用红色或其他颜色的印色印在书牍上，才有可能不使用封泥。后世的篆刻家从这些珍贵的封泥拓片中得到借鉴，用以入印，从而扩大了篆刻艺术取法的范围。

明器：专门为随葬而制作的器物，又称冥器。一般用陶瓷木石制作，也有金属或纸制的。除日用器物的仿制品外，还有人物、畜禽的偶像及车船、建筑物、工具、兵器、家具的模型。在中国，从新石器时代起即随葬明器。明器是考察古代生活和雕塑艺术的有价值的考古实物。

礼器：中国古代贵族在举行祭祀、宴飨、征伐及丧葬等礼仪活动中使用的器物，用来表明使用者的身份、等级与权力。商周青铜礼器又泛称彝器。考古发现表明，我国最早的礼器出现在夏、商、周时期，主要以青铜制品为主。

山节藻棁（丹楹刻桷 dān yíng kè jué）：古代天子的庙饰。山节，刻成山形的斗拱；藻棁，画有藻文的梁上短柱。后用以形容居处豪华奢侈，越等僭礼；楹：房屋的柱子；桷：方形的椽子。柱子漆成红色，椽子雕着花纹。形容建筑精巧华丽。

相土尝水：伍子胥主持阖城（今苏州）的选址和规划布局时，提出"相土尝水、法天象地"的原则。即了解土质和水情，观天象和风水。用"其尊卑以天地为法象，其交媾阴阳相配合"的思想进行实地调查，观察土壤的形状与肥沃程度，考究河泉水源与流域分合，由此选定城址。

瓮城：是古代城市主要防御设施之一。在城门外口加筑小城，高与大城相同，其形或圆或方。圆者似瓮，故称瓮城；方者亦称方城。瓮城设在侧面，从而增强了防御能力。在南京明城墙修筑以前，中国传统瓮城的制式是将其设于主城门外。南京明城墙一反此旧制，将瓮城设于城门内，在城体上革命性地设置了"瓮洞"（藏兵洞），大大加强了城门的防御能力。

角楼：紫禁城城垣四隅之上的角楼，建成于明永乐年间，清代重修。角楼坐落在须弥座之上，周边绕以石栏。中为方亭式，面阔进深各三间，每面8.73 m，四面明间各加抱厦一间，靠近城垣外侧两面地势局促，故抱厦进深仅为1.60 m，而城垣内侧的两面地势较开阔，抱厦进深加大为3.98 m，平面成为中点交叉的十字形，蕴含着曲尺楼的意匠，使得角楼与城垣这两个截然不同的建筑形体，取得了有机的联系。

御街千步廊：千步廊是皇宫前御街两侧的廊庑。具有组织空间和衬托高大的主体建筑的作用,造成相当开朗而又主次分明的效果。北宋汴京大内正门宣德楼前御街两侧已设很长的御廊。自金到明清,皇宫前面御街均有"千步廊"。据记载,清代的千步廊,从天安门前到大清门内,东西各有 144 间,共 288 间。

里坊制：汉代的棋盘式的街道将城市分为大小不同的方格,这是里坊制的最初形态。开始是坊市分离,规格不一。坊四周设墙,中间设十字街,每坊四面各开一门,晚上关闭坊门。市的四面也设墙,井字形街道将其分为九部分,各市临街设店。里坊制的极盛时期,相当于三国至唐。三国时的曹魏都城——邺城开创了一种布局严整、功能分区明确的里坊制城市格局:平面呈长方形,宫殿位于城北居中,全城作棋盘式分割,居民与市场纳入这些棋盘格中组成"里"("里"在北魏以后称为"坊")。

厢坊制：宋代城市的区划制度。唐代的城市制度是"坊市制",居民区"坊"与商业区"市"是分开的,四周都筑有围墙,坊、市门按时启闭。随着商业的发展,到北宋初年,坊、市的围墙破坏了,居民区与工商业区不再有区别,凡是向街的地方都可以开设商店。10 世纪末 11 世纪初,一种与之相适应的新的城市制度"厢坊制"代替了原先的"坊市制"。至道元年(995),开封城内设立了左第一厢、城东厢等八厢,这种基层厢代替了坊,成为附郭县直属的基层政权,每个基层厢下属有二至二十多个坊。熙宁三年(1070),开封城内东、西两部分,划分为两个区,称为"左厢"和"右厢",办公处称为左、右厢公事所,地位相当县,主要职责为狱讼刑法。从此,附郭县只治理郊区,厢统治城内市区(有时城外市区也归厢统治)直属于州府,这种城乡分治的制度后来推及全部城市。厢坊制成为城市的一种新的行政区划制度。

倒座：四合院建筑群中最前边一进院落中,与正房相对而立的建筑物称倒座,通常坐南朝北。

团城：位于北海公园南门外西侧,北海与中南海之间,又称瀛洲,世界上最小的城堡。承光殿是团城中的主体建筑,坐北朝南,正方形大殿,双重檐、黄琉璃瓦、绿剪边,四面有抱厦,南面有正方形月台,其建筑形式颇似故宫角楼。玉瓮亭位于承光殿前庭院中,是一座蓝顶白玉石亭,亭中的石莲花座上有一个大玉瓮,该瓮以"渎山大玉海"闻名。

围龙屋：一种富有中原特色的典型客家民居建筑,客家围龙屋与北京的"四合院"、陕西的"窑洞"、广西的"杆栏式"和云南的"一颗印",合称为我国最具乡土风情的五大传统住宅建筑形式,被中外建筑学界称为中国民居建筑的五大特色之一。围龙屋的整体布局是一个大园型,在整体造型上,围龙屋就是一个太极图。围龙屋前半部为半月形池塘,后半部为半月形的房舍建筑。两个半部的接合部位由一长方形空地隔开,空地用三合土夯实铺平,叫"禾坪"(或叫地堂),是居民活动或晾晒的场所。正屋——横屋外层便是半月形的围屋层,有的是一围层,有的二围层,围龙屋由此而得名。弧形的围屋间,拱卫着正屋,形成一道防御屏障,围屋间窗户一般不大,是天然的瞭望孔、射击孔,便于用弓箭、土枪、土炮等武器抗击来攻之敌。

徽派建筑：中国历史建筑最重要的流派之一,它的工艺特征和造型风格主要体现在民居、祠庙、牌坊和园林等建筑实物中。其特点是以砖、木、石为原料,以木构架为主。梁架多用料硕大,且注重装饰。明代立柱通常为梭形。梁托、爪柱、叉手、霸拳、雀替(明代为丁头拱)、斜撑等大多雕刻花纹、线脚。梁架一般不施彩漆而髹以桐油,显得格外古朴典雅。墙体基本使用小青砖砌至马头墙。徽派建筑还广泛采用砖、木、石雕,表现出高超的装饰艺术水平。

吊脚楼：属于干栏式建筑,但与一般所指干栏有所不同。干栏应该全部都悬空的,所以称吊脚楼为半干栏式建筑。最基本的特点是正屋建在实地上,厢房除一边靠在实地和正房相连,其余三边皆悬空,靠柱子支撑。吊楼有鲜明的民族特色,优雅的"丝檐"和宽绰的"走栏"使吊脚楼自成一格。这类吊脚楼比"栏干"较成功地摆脱了原始性,具有较高的文化层次,被称为巴楚文化的"活化石"。

吊脚楼的形式多种多样,其类型有以下几种:

单吊式:这是最普遍的一种形式,有人称为"一头吊"或"钥匙头"。它的特点是,只正屋一边的厢房伸出悬空,下面用木柱相撑。

双吊式:又称为"双头吊"或"撮箕口",它是单吊式的发展,即在正房的两头皆有吊出的厢房。单吊式和双吊式并不以地域的不同而形成,主要看经济条件和家庭需要而定,单吊式和双吊式常常共处一地。

四合水式:这种形式的吊脚楼又是在双吊式的基础上发展起来的,它的特点是,将正屋两头厢房吊脚楼部分的上部连成一体,形成一个四合院。两厢房的楼下即为大门,这种四合院进大门后还必须上几步石阶,才能进到正屋。

二屋吊式:这种形式是在单吊和双吊的基础上发展起来的,即在一般吊脚楼上再加一层。单吊双吊均适用。平地起吊式,这种形式的吊脚楼也是在单吊的基础上发展起来的,单吊、双吊皆有。它的主要特征是,建在平坝中,按地形本不需要吊脚,却偏偏将厢房抬起,用木柱支撑。支撑用木柱所落地面和正屋地面平齐,使厢房高于正屋。

锢窑:如果没有适宜的地方开挖窑洞,也可以在地面之上仿窑洞的空间形态,用土坯、砖或石等建筑材料,建造独立的窑洞,称为锢窑。它的室内空间为拱券形,与一般窑洞相同。在外观上是在拱券顶上敷盖土层做成平屋顶。这样做除了美观外,利用土的重压还可以有利于拱体的牢固。平屋顶上可以晾晒粮食等。如平遥古民居中的锢窑。

地坑院:也叫天井院,地坑院,当地人称为"天井院""地阴坑""地窑",是古代人们穴居方式的遗留,被称为中国北方的"地下四合院"。地坑院就是在平整的黄土地面上挖一个正方形或长方形的深坑,深约 6、7 m,然后在坑的四壁挖若干孔窑洞,其中一孔窑洞内有一条斜坡通道拐个弧形直角通向地面,是人们出行的门洞。地坑院与地面的四周砌一圈青砖青瓦檐,用于排雨水,房檐上砌高 30 ~ 50 cm 的拦马墙,在通往坑底的通道四周同样也有这样的拦马墙,这些矮墙一是为了防止地面雨水灌入院内;二是为了人们在地面劳作活动和儿童的安全所设;三是建筑装饰需要,使整个地坑院看起来美观协调。

开敞式靠崖窑:陕北窑洞以靠崖窑为最典型。它们是在天然土壁内开凿横洞,往往数洞相连,或上下数层,有的在洞内加砌砖券或石券,以防止泥土崩溃,或在洞外砌砖墙,以保护崖面。

四水归堂:江南民居普遍的平面布局方式和北方的四合院大致相同,只是一般布置紧凑,院落占地面积较小。住宅的大门多开在中轴线上,迎面正房为大厅,后面院内常建二层楼房。由四合房围成的小院子通称天井,仅作采光和排水用。因为屋顶内侧坡的雨水从四面流入天井,所以这种住宅布局俗称"四水归堂"。

闾里:按照"匠人营国"制度,除皇城以外,居住区分为"国宅"与"闾里"两部分。"国宅"指王公贵族和朝廷重臣居住的地方,一般都环绕在王城左右或前后。"闾里"则是一般平民居住的地方,"闾里"也是分等级的,如西四北一条至八条和东四一条至十条就属于较上层的"闾里",是当时一些有钱、有地位的人居住的地方,从地理位置上看,也是对称分布于"皇城"

的东西两侧不远的地方。"闾里"之中的"街巷"即为胡同。据《周礼·量人》记载"巷中路大约二至三轨",胡同宽度为 3.7～5.5 m,可容两辆马车并行,加上道路两侧便道,胡同宽应为7～9 m左右。这个尺度相当于目前旧城内保存较好的较宽胡同,如西四北五条、六条等,与北京一般的胡同相比都要宽一些。

宫室:上古时代,宫指一般的房屋住宅,无贵贱之分。秦汉以后,只有王者所居才称为宫。古代宫室一般向南。主要建筑物的内部空间分为堂、室、房。前部分是堂,通常是行吉凶大礼的地方,不住人。堂的后面是室,住人。室的东西两侧是东房和西房。整幢房子是建筑在一个高出地面的台基上的,所以堂前有阶。要进入堂屋必须升阶,所以古人常说"升堂"。

前朝后寝:这是宫室(或称宫殿)自身的布局。大体上有前后两部分,一墙之隔,"前堂后室",即"前朝后寝"。所谓"前朝",即为帝王上朝治政、举行大典之处。所谓"后寝",即帝王与后妃们生活居住的地方。在"前朝"中央靠墙处,设有御座,这是帝王上朝坐的地方;在"后寝",则设有床具,供休憩之用。

左祖右社:中国的礼制思想有一个重要内容,则是崇敬祖先、提倡孝道,祭祀土地神和粮食神。左祖右社,则体现这些观念。所谓"左祖",是在宫殿左前方设祖庙,祖庙是帝王祭拜祖先的地方,因为是天子的祖庙,故称太庙;所谓"右社",是在宫殿右前方设社稷坛,社为土地,稷为粮食,社稷坛是帝王祭祀土地神、粮食神的地方。古代以左为上,所以左在前,右在后。

三朝五门:我国古代宫殿布局的最高形式。周代宫殿的布局制度。"三朝"指外朝、中朝和内朝。外朝是君王举行颁诏、受俘等大礼之所,中朝是君王日常办公之处,内朝则是君王居住之所。"五门"指皋门、库门、雉门、应门和路门。

东西堂制:东西堂又可称为东西厢,大朝居中,两侧为常朝。汉代开东西堂制之先声,前殿进行大朝会,以东西厢作为日常视事之所。晋、南北朝(北周除外)均行东西堂制。隋及以后均行三朝纵列之周制。

轴心舍:即工字形殿的唐代名称,用于官署。

明堂辟雍:"明堂辟雍"是一座建筑,但它包含两种建筑名称的含义,它是中国古代最高等级的皇家礼制建筑之一。明堂是古代帝王颁布政令,接受朝觐和祭祀天地诸神及祖先的场所。辟雍即明堂外面环绕的圆形水沟,环水为雍(意为圆满无缺),圆形像辟(辟即璧,皇帝专用的玉制礼器),象征王道教化圆满不绝。中国西汉元始四年(公元前150年左右)建造的明堂辟雍,位于长安南门外大道东侧,符合周礼明堂位于"国之阳"的规定。它是一座重要的早期坛庙,外围方院,四面正中有两层的门楼,院外环绕圆形水沟,院内四角建曲尺形配房,中央夯土圆形低台上有折角十字形平面夯土高台遗址。

宝城宝顶:是中国古代帝王陵墓封土形制的一种形制,是在地宫上方,用砖砌成圆形(或椭圆形)围墙,内填黄土,夯实,顶部做成穹隆状。圆形围墙称宝城,穹隆顶宝顶。这种形制用于明清两朝,清朝的宝城宝顶多为椭圆形,如明十三陵。

过白:在建筑物之间,在门与景物之间,靠着巧妙的距离选择,使得门框、门洞如同对近景或远景进行了剪裁、镶框处理。这被称为"窥管效应"的空间序列效果,是中国古代建筑所追求的。为此,专有"过白"一说。"过白"要求留有一线蓝天,对于房屋殿堂建筑是有实用价值的。那一线天关系着房间内的采光纳阳。同时,纳取一线蓝天白云,更有舒展画面的重要作用,使得画面中的景物不仅是完整的,而且是舒展的。在建筑群轴线上,诸如牌坊门、门楼等,形成"过白"景框的举目点并不在室内,留天的目的也就不是为了采光,而全出于对景框画面的考虑。画面所取,如果形缺、犯忌,即便完整,但过于局促而有压迫感,也不吉。这是旧时风水之说的持论。抛开风水来看"过白",它实际上反映了在建筑物空间组合方面,古人审美经验的运用。

步移景异:园林观赏有动观与静观之分。动观为游,妙在步移景异;静观为赏,奇在风景如画。而游赏相间、动静交替则园之景致尽入眼中。中国园林素以自然山水园著称,园中景物均为自然式布置,游路设计尤为奇巧,故漫步园中,景观变化不断,游人可以慢慢地游、静静地赏,其中之奥秘就在园之总体布局的不对称和景物的自然天成。

楼阁式塔:建筑形式来源于中国传统建筑中的楼阁。佛教传入中国后,为了适应中国的传统习惯,利用人们对多层楼阁通天的寄托,以楼阁形式作为礼佛的纪念性建筑物。楼阁式塔的特征是具有台基、基座,有木结构或砖仿木结构的梁、枋、柱、斗拱等楼阁特点的构件。塔刹安放在塔顶,形制多样。有的楼阁式塔在第一层有外廊(也叫"副阶"),以加强塔的稳定性,楼阁式塔是中国塔的发展主流,多见于长江以南的广大地区,北方相对少些。在中国最早的楼阁式塔是洛阳白马寺中所建的四方形楼阁式塔。

密檐塔:中国佛塔主要类型之一,由阁楼式演变而来。就是把楼阁的底层尺寸加大升高,而将以上各层的高度缩小,使各层屋檐呈密叠状,使全塔分为塔身、密檐与塔刹三个部分,因而称为"密檐式"砖塔。这种塔大多不供登临眺览,建塔材料一般用砖石。现存最早的为河南登封嵩岳寺塔,建于北魏。

喇嘛塔:藏传佛教的一种独特的建筑形式,与印度"窣堵波"很相近。喇嘛塔主要特点是:台基与塔刹造型讲究一个高大基座上安置一个巨大的圆形塔肚,其上竖立一根长长的塔顶,塔顶上刻成许多圆轮,再安置华盖和仰月宝珠。喇嘛塔起源于元朝,于明、清进一步发展,清更突出。明、清时期喇嘛塔大部分塔内都藏有佛像,供朝拜之用。全国著名的喇嘛塔有西藏江孜白居寺菩提塔、北京妙应寺白塔等。

金刚宝座塔:佛塔中的一个分支。塔的形式一般在高大的台基座上建筑五座密檐方形石塔和一个圆顶小佛殿。虽然这种建筑在敦煌石窟的隋代壁画中已经出现,然而最早的实物始见于明代。中国式的金刚宝座塔比印度提高了塔基座,缩小了基座上的小塔,增加了传统的琉璃亭,尤其在塔座和塔身的装饰雕刻中,掺入大量藏传佛教的题材和风格。我国仅存五座这种塔:北京大正觉寺金刚宝座塔、北京西黄寺清净化城塔、北京碧云寺金刚宝座塔、内蒙古呼和浩特金刚座舍利宝塔以及昆明官渡金刚塔。

傣族塔:大约一千多年前,小乘佛教开始传入傣族聚居地区并取代原始宗教,形成全民信仰的佛教。至15世纪,寺塔遍村落。傣族古塔大多建于山坡高地上,又因傣族集居地与缅甸接壤,所以具有缅甸塔类似风格。塔由塔基、塔身和塔刹三部分组成。塔基一般呈正方形,塔身大多为圆形,呈葫芦状,塔刹由一节比一节小的环节堆积而成,最上面是塔针。大多为砖结构。著名的傣族塔有曼飞龙白塔、景真八角亭式塔、云南潞西风平大佛殿佛塔、傣族母子塔等。

花塔:该类型塔的主要特征是在塔身的上半部装饰各种繁复的花式,远观犹如一通大花束。其装饰由简到繁,既有巨大的莲瓣,密布的佛龛,也有各种佛像、神人形象和其他装饰。有些花塔还涂上各种色彩,富丽堂皇,早期的花塔是从装饰单层亭阁式塔的顶部和楼阁式、密檐式的塔身发展而来的。现存花塔著名的有河北正定广惠寺花塔。

过街式塔:建于街衢之上的塔形,门式塔与之类似,把塔的下部修成门洞的形式。前者塔下可通车马行人,后者仅供人通行,均始于元。全国著名的有北京居庸关过街式塔、西郊法海寺门式塔、颐和园后山香岩宗印之阁四周的门式塔、江苏镇江云台山过街式塔、河北承德普陀宗乘之庙内外的各式门式塔。

光塔:清真寺中的塔楼,用于呼唤回教徒做礼拜。

石窟原:印度的一种佛教建筑形式。佛教提倡遁世隐修,因此僧侣们选择崇山峻岭的幽僻之地开凿石窟,以便修行之用。印度石窟的格局大抵是以一间方厅为核心,周围是一圈柱子,三面凿几间方方的“修行”用的小禅室,窟外为柱廊。中国的石窟起初是仿印度石窟的制度开凿的,多建在中国北方的黄河流域。从北魏(386—534)至隋(581—618)唐(618—907),是凿窟的鼎盛时期,尤其是在唐朝时期修筑了许多大石窟,唐代以后逐渐减少。中国的四大石窟是:甘肃敦煌莫高窟、甘肃天水麦积山石窟、山西大同云冈石窟、河南洛阳龙门石窟。

经幢:指刻有经文之多角形石柱,又名石幢。有二层、三层、四层、六层之分。形式有四角、六角或八角形。其中,以八角形为最多。幢身立于三层基坛之上,隔以莲华座、天盖等,下层柱身刻经文,上层柱身镌题额或愿文。基坛及天盖,各有天人、狮子、罗汉等雕刻。浙江省杭州灵隐寺、下天竺寺、梵天寺及河北省顺德府开元寺、封崇寺、赵州柏林寺、正定龙兴寺等处,都有经幢。

借景:中国园林的传统手法。有意识地把园外的景物“借”到园内视景范围中来。园林中的借景有收无限于有限之中的妙用。借景分近借、远借、邻借、互借、仰借、俯借、应时借 7 类。其方法通常有开辟赏景透视线,去除障碍物;提升视点的高度,突破园林的界限;借虚景等。

大木作:我国木构架的主要结构部分,由柱、梁、枋、檩等组成。同时又是木建筑比例尺度和形体外观的重要决定因素,大木是指木构架建筑的承重部分。

大木大式:使用斗拱的大木大式建筑有时又称为殿式建筑,一般用于宫殿、官署、庙宇、府邸中的主要殿堂。面阔可自 5 间多至 11 间,进深可多至 11 桁。可使用周围廊、单檐或重檐的庑殿、歇山屋顶、筒瓦或琉璃瓦屋面、兽吻和斗拱。建筑尺度以斗口作为衡量的标准。

大木小式:用于上述建筑的次要房屋和一般民居。面阔 3 间至 5 间,通进深不多于 7 檩,大梁以 5 架为限。只用单檐悬山和硬山及以下屋顶,不用琉璃瓦和斗拱。建筑尺度依明间面阔及檐柱径为标准。

步架:历史建筑木构架中,相邻两檩中心线的水平投影距离,也简称步;宋《营造法式》称架或椽架。根据檩的布置和数量,常将木构架划分为若干个步架。其中,正脊两侧的步架称脊步,檐檩内侧的步架称檐步,脊步与檐步之间的步架称金步。木构架如有金柱,则檐柱与金柱之间的檐步,有时也称廊步。

明间:建筑正中一间称明间,宋代称当心间,其左、右侧的称次间,再外的称梢间、最外的称尽间,九间以上的建筑增加次间数,亦指明朝年间。

开间(面阔):木构建筑正面两檐柱间的水平距离,各开间之和为“通面阔”中间一间为“明间”,左右侧为“次间”,再外为“梢间”,最外的称为“尽间”,九间以上增加次间的间数。量度为中国建筑内部空间的标准单位。

间:四柱之间的空间或两榀梁架之间的空间(一般指第二种),若两排柱子很近,则其中间部分称之为出廊(周围廊、前后廊、前出廊、不出廊四种)。

隔扇:中国古代门的一种。明清称宽、高比约在 1:3 至 1:4,上部有用棂条组成花格的窄门扇为隔扇,也写作槅扇,系由宋式格子门发展而来,用于分隔室内外或室内空间。根据建筑物开间的尺寸大小,一般每间可安装四扇、六扇或八扇隔扇。

三七戗:历史建筑搭材术语。指脚手架戗高与下端外抛之比,如戗高七尺,下端水平拉开三尺。

九架梁:位置一般在柱头科斗拱上面,梁头部分常作成桃尖形式。其上所承负的檩于总教共为九根,故称九架梁。因其长度亦为八步架(八椽架),宋代建筑中称作八椽栿,用以承托上部屋架荷载。

反宇:屋檐上仰起的瓦头。汉班固《西都赋》:"上反宇以盖戴,激日景而纳光。"唐杨炯《益州新都县学碑》:"雕镂咈晔,穷妙饰於重栏;山海高深,尽灵姿於反宇。"

三滴水:滴水,历史建筑瓦作术语名称,俗称滴子,筒板瓦屋面瓦件之一。底瓦垄的檐头瓦,比普通板瓦多一个如意形的"滴唇",用以防止雨水的回流。三滴水是指历史建筑三层檐屋顶形式建筑的名称。多用于歇山式楼阁建筑。也有攒尖、庑殿、罕见悬山、硬山。

一整两破:旋花是构成旋子彩绘的主要图案,在找头内用旋涡状的几何图形构成一组圆形的花纹图案。旋花的中心称为旋眼。旋子花圈则由三层组成,最外一层为一路瓣,依次是二路和三路瓣,一般找头内由一个整圆的旋子图案和二个半圆旋子组成一个单元图案,俗称"一整两破"。双抄双下昂,双杪即出两个华拱,双下昂即设两个下昂(元代以后柱头铺作不用真昂,至清代,带下昂的平身科又转化为镏金斗拱的做法,原来斜昂的结构作用丧失殆尽)。具体表现为一个整圆和两个半圆,以抽象的牡丹花——旋子为母题,是旋子彩画的基本形式,藻头由短至长形式为①勾丝绕(3份)②喜相逢(4份)③一整两破(6份)④一整两破加一路(7份)⑤一整两破加金道冠(7.5份)⑥一整两破加二路(8份)⑦一整两破加勾丝绕(9份)⑧一整两破加喜相逢(10份)

燕尾榫:两块平板直角相接,为防止受拉力时脱开,榫头做成梯台形,故名"燕尾榫"。

霸王拳:在古代建筑方面,是额枋在角柱处出头的一种艺术处理样式。清代老角梁头也做成霸王拳样式。

找头:檩端至枋心的中间部位,由找头本身、皮条线、盒子、箍头等部分组成。如檩枋较长,找头部分可延长,皮条线沿边用双线,加箍头、盒子等。

通进深:建筑物横向相邻两柱中心线间的距离称为进深。各间进深的总和,即前后檐柱中心线间的距离为通进深。

雀替:中国建筑中的特殊名称,安置于梁或阑额与柱交接处承托梁枋的木构件,可以缩短梁枋的净跨距离。也用在柱间的落挂下,为纯装饰性构件。或许能增加梁头抗剪能力或减少梁枋间的跨距。

雀台:飞檐椽头钉连檐及瓦口,钉时连檐需距椽头半斗口,称为雀台。

丹陛:"丹"者红也,"陛"原指宫殿前的台阶。古时宫殿前的台阶多饰红色,故名"丹陛"。

穿堂:宅院中坐落在前后两个庭院之间可以穿行的厅堂。

平座:楼阁上的出檐廊,高台或楼层用斗拱、枋子、铺板等挑出,以利登临眺望,此结构层称为平坐。(另一种解释:在阁层(除一层)在其下层梁(或斗拱)上先立较短的柱和梁、额、斗拱,作为各层的基座,以承托各层的屋身。平坐斗拱上铺设楼板,并置勾阑,做成环绕一周的跳台。

平坐、廊台:出于建筑主空间(通常为内部)的上层构造。

寻杖:寻杖也称巡杖,是栏杆上部横向放置的构件。栏杆中使用寻杖目前所知最早为汉代,并且最初是圆形,后来逐渐发展出方形、六角形和其他一些特别的形式。

巡杖栏杆:系由寻杖、望柱、华板、地栿等主要构件组成,以其最上层的寻杖而得名。寻杖栏杆原用木料建造,石栏杆兴起时,均仿照寻杖栏杆式样。故宫内使用寻杖栏杆的建筑有弘义阁、体仁阁。

寻杖绞角造:木寻杖在转角处不用望板,相互搭交而又伸出者。

寻杖合角造:寻杖止在转角处望而不伸出。

勾阑:栏杆,由望柱、寻杖、阑版构成。一层阑版为"单勾阑"二层为"重台勾阑"。

坐栏:石栏形体往往低而宽,眼沿桥侧或月台边布置。

抹角梁:即在建筑面阔与进深成45°处放置的梁,似抹去屋角,因称抹角梁,起加强屋角建筑力度的作用,是历史建筑内檐转角处常用的梁架形式。畅音阁采用此种做法可减少金柱,使下层台面有一个相当规模的完整空间。

圭角:清式须弥座的最下层部分,整个高度分51份,圭角高度为10份。在大式黑活屋脊的檐头或屋脊的顶头有一个细活做法称为圭角(也叫规矩),圭角应比其下的勾头瓦退进若干。

倒挂楣子:用于有廊建筑外侧或游廊柱间上部的一种装修,主要起装饰作用。均透空,使建筑立面层次更为丰富。

步步锦:古建筑门窗常用的棂条组合形式。其做法是用棂条拼成一个个长方形,上下左右对称排列。棂条交接处做成尖榫,用胶粘牢。

慢道:也称"马道",用砖或石砌成的斜面为锯齿形的升降道,多用于通向城墙顶部的坡道或大门外,以利于车马通行。

上昂下昂:历史建筑宋式斗拱构件名称。宋《营造法式》将斗拱组合中的主要部件昂分为二类,即下昂与上昂。从功能上看,上昂的作用与下昂相反,它是专门应用于殿身槽内里跳及平座外檐外跳。适应于在较短的出跳距离内.有效地提高铺作总高度,借以创造一定内部空间的特殊构造。从外观看,上昂是一根"昂头外出,昂身斜收向里,并通过柱心"的木枋,其断面高宽一般相当于一单材。昂下供材用偷心重拱造,昂底并用靴楔承托。按照宋《营造法式》规定,上昂昂脚应立于下跳拱心之上,因此,上昂适用于五铺作五铺作以上斗拱组合之小。上昂构造实物遗存很少,江苏45直保圣寺大殿、苏州玄妙观三清殿(南宋)都是其早期的珍贵实例,元代建筑中仍然偶有使用,明清斗供后尾则仅存上昂遗痕。

双杪双下昂:双杪即出两个华拱,双下昂即设两个下昂(元代以后柱头铺作不用真昂,至清代,带下昂的平身科又转化为镏金斗拱的做法,原来斜昂的结构作用丧失殆尽)。

下昂:斗拱中斜置的构件,起杠杆作用。华拱以下,向外斜下方伸出者,出栌斗左右的第一层横拱。

回水:中国历史建筑都是建在台基之上的,台基露出地面部分称为台明,小式房座台明高为柱高的1/5或柱径的2倍。台明由檐柱中向外延出的部分为台明出沿,对应屋顶的上出檐,又称为"下出",下出尺寸,小式做法定为上出檐的4/5或檐柱径的2倍,大式做法的台明高台明上皮至挑尖梁下皮高的1/4。大式台明出沿为上出檐的3/4。历史建筑的上出大于下出,二者之间有一段尺度差,这段差叫"回水",回水的作用在于保证屋檐流下的水不会浇在台明上,从而起到保护柱根、墙身免受雨水侵蚀的作用。

须弥座:由佛座演变而来,形体复杂。一般用于高级建筑。开始形式简单,由数道直线叠涩与较高束腰组成,没有多少装饰,且对称布置。后来逐渐出现了莲瓣、卷纹饰、力神、角柱、间柱等,造型日益复杂。

阶级踏步:在踏的两旁置垂带石的踏道。

如意踏步:是不用垂带石只用踏跺的做法,一般用于住宅或园林。形式自由,有的将踏面自下而上逐层缩小,或用天然石堆砌成规则形状。

礓磋(慢道):在斜道上用砖石露棱堆砌,可以防滑,一般用作室外。

斜道(辇道或御路):倾度平缓用以行车的坡道,常与踏跺组合在一起。

土戚:阶级形踏跺。

台基:建筑下突出的平台。

抱鼓石:一般是指位于宅门入口、形似圆鼓的两块人工雕琢的石制构件,因为它有一个犹如抱鼓的形态承托于石座之上,故此得名。抱鼓石民间称谓较多,如:石鼓、门鼓、圆鼓子、石镖鼓、石镜等。在传统民宅大门前很常见(如北京四合院的垂花门、徽州祠堂的版门等)。在传统牌楼建筑(如牌坊、棂星门)中也有类似抱鼓石的夹杆石(也有称门挡石的),它是牌楼建筑所特有的重要构件,主要是起稳固楼柱的作用。宅门抱鼓石是门枕石的一种。

步:屋架上的"檩"与檩中心线面的水平距离为步,各步的距离的总和与侧面各开间宽度总和为"通进深",若有斗拱,则按照前后挑檐檩中心线间水平距离计算。

举势:屋面坡度。

举架(举折):举是屋架的高度,常按建筑的进深与屋面材料而定。折是计算屋架举高时,由于各檩升高的幅度不一致,求得的屋面横断面的坡度不是一根直线,而是若干折线组成。

举折(宋):先按照房屋进深,定屋面坡度,将脊槫"举"到额定的高度,然后从上而下,逐架"折"下来,求得各架槫的高度,形成曲线和曲面。

举架(清):从最下一架起,先用比较缓的坡度,向上逐架增加斜坡的陡峭度。因此,最后"举"到多高,仿佛是"偶然"的结果。

举折法:宋代建筑屋顶构架的做法,求得的屋面由若干折线构成。

举架法:清代大屋顶的构架做法,其举高通过步架求得。殿有单檐、重檐两种,单檐又称五脊殿。

升起:宋、辽建筑的檐柱由当心间向两端升高,因此檐口呈一条缓和的曲线。

侧脚:宋代建筑规定外檐柱在前后檐向内倾斜住高的千分之十,在两山向内倾斜柱高的千分之八,而角柱在两个方向都倾斜。

金厢斗底槽:内外两圈柱,如佛光寺大殿。

单槽:内柱将平面划分为大小不等的两个区域(山西晋祠圣母殿)。

双槽:内柱将平面划分为大小不等的三个区域(唐大明宫含元殿、北京故宫太和殿)

分心槽:用中柱一列将平面等分(河北蓟县独乐寺山门)。

移柱法:宋辽元金时期常将若干内柱移位,或减少部分内柱(减柱法)。

副阶周匝:建筑主体从外到内另外加一圈回廊的,在早商建筑中已经出现,应用与比较隆重的建筑。

二十五额枋(阑额):柱子上端联系与承重的构件。有时两根叠用,上面的清谓之大额枋,下面的叫小额枋(由额),二者用垫板(额垫板)传于内柱间的叫内额,位于地脚处的叫地栿。

马赛克:以小片彩色瓦片或玻璃镶嵌成的装饰。

棋盘花纹:以小块个体镶嵌成的棋盘状表面,如马赛克。

密教:与神秘仪式有关的佛教宗派。

密道:地下通道,通常位于柱廊下方。

斜截头屋顶:由两个倾斜平面构成的屋顶。接合部分为屋脊或是建筑最高的线条。

平板枋:(普拍枋)位于阑额之上,是承托斗拱的部件。

柱头枋:在各跳横拱上均施横枋,在柱心中心上的枋,清代称作正心枋。

橑檐枋:在令拱上的枋,最外部,宋代称作挑檐枋。

平棊枋:最内部令拱上的枋,清代称作井口枋。

罗汉枋:在内外跳慢拱上者,清代称作拽枋,宋用来表示斗拱出跳。

枋:水平构件,位于如窗户或走道之上,是连接两柱或两框架的构件。

月梁:梁高呈弧形,梁底略向上凹,梁侧常做成琴面并饰依雕刻,外观秀巧。

叉手:支撑在侏儒柱两侧的木构件。

托脚:支撑平槫的构件。

壁缘:古典柱式建筑的中间构件,位于阑额之上,檐口之下。

……上,未经艺术加工的,实际负荷屋盖重量的梁。

……梁首放在铺作上,梁尾一端插入内柱柱身,但也有两头斗放在铺作上的。

……加工的梁,凡有平棊的殿堂,月梁都明露在平棊之下,只负荷平棊荷载。

……由下面可以看见的梁栿,与草栿相对。

平梁:……象栿,是梁架最上一层的梁。清代称为太平梁。

箚(扎)牵:一般用于乳栿之上,仅长一架,布承重,固定桁的位置。

平坐之制:其铺作减上屋一跳或两跳,宜用重拱及逐跳计心造。

版门:用于城门或宫殿、衙、署的大门,一般为两扇。

棋盘版门:先以边梃上下抹头组成边框,框内置横幅若干,后在框的一面钉板,四面平齐不起线脚。

镜面版门:门扇不用木框,完全用厚木板拼合,背面再用横木联系。

槅扇:由边梃和抹头组成,分为花心和群版二部。

罩:多用于室内,是用硬木浮雕或透雕成几何图案或缠交的动植物、神话故事等,在室内起着隔断空间和装饰的作用。

窗:唐以前以直棂窗为主,固定不能开启。宋代开始,开启窗开始变多。

支摘窗:支窗是可以支撑的窗,摘窗是可以取下的窗,后来合在一起使用,所以称支摘窗。

漏窗:应用于住宅,园林中的亭、廊、围墙等处。窗孔形状有方、圆、六角、八角、扇面等多种形式,再以瓦、薄砖、木竹片和泥灰等组合成几何图案或动植物形象的窗棂。

平闇(暗):为了不露出建筑的梁架,常在梁下用天花枋组成木框,框内放置密且小的木方格,见佛光寺大殿和辽独乐寺观音阁。

平棊(棋):在木框间放较大的木板,板下施彩绘或贴以有彩色图案的纸,这种形式在宋代称为平棊,后代沿用较多。一般居民用竹、高粱杆等轻材料作框架,然后糊纸。

屋脊:斜面屋顶两面相接所形成的角度。

屋面曲线:包括纵向曲线和横向曲线。是"反宇为阳"举架举折的运用,如佛光寺大殿。

屋脊曲线:脊檩端置垫木,如佛光寺大殿。结构形式有叠梁式、穿斗式、井干式。

曲面屋顶：由尾端弯曲的平面接合成的斜截头屋顶。

勾连搭：两栋或多栋房屋的屋面沿进深方向前后相连接，在连接处做一水平天沟向两边排水的屋面做法，其目的是扩大建筑室内的空间，常见于大型宅第及寺庙大殿等建筑中。在这种勾连搭屋顶中有两种最为典型即"一殿一卷式勾连搭"和"带抱厦式勾连搭"。仅有两个顶形成勾连搭而其中一个为带正脊的硬山悬山类，另一个为不带正脊的卷棚类，这样的勾连搭屋顶称为"一殿一卷式勾连搭"，很多垂花门是这类的顶。勾连搭屋顶中，相勾连的屋顶大多是大小高低相同，但有一部分却是一大一小、有主有次、高低不同、前后有别的，这一类的称为"带抱厦式勾连搭"。**实例如**：北京通州马驹桥清真寺礼拜殿、河南省开封朱仙镇清真寺礼拜殿、西安化觉巷清真寺礼拜殿。

屋顶形式：重檐庑殿、重檐歇山、重檐攒尖、庑殿、歇山、悬山、硬山卷棚、攒尖、盝顶、盔顶、单坡、平顶、囤顶。

歇山：中国古代建筑中等级仅次于庑殿的屋顶样式，形式上看是两坡顶加周围廊的结果。宋称九脊殿，有单檐、重檐、卷棚等形式。

九脊顶：歇山顶的宋唐说法，是两坡顶加周围廊的结果，它由正脊、四条垂脊、四条戗脊组成，故称九脊殿。

推山：庑殿（四阿）建筑处理屋顶的一种特殊方法。由于立面需要将正脊向两端推出，从而四条垂脊由45°斜直线变为柔和的曲线，并使屋顶正面和山面的坡度步架距离都不一样长。

收山：歇山（九脊殿）屋顶两侧山花自山面檐柱中线向内收进的做法，其目的是为了使屋顶不过于庞大，但引起结构上的变化（增加顺梁扒梁和踩步金梁）具体做法：山面向内收进一檩径定作山花板的外皮。

戗脊：在有不同方向的承梁板的屋顶中，其两个斜屋面交接处所形成的外角，又称岔脊。是中国古代歇山顶建筑自垂脊下端至屋檐部分的屋脊，和垂脊成45°，对垂脊起支戗作用。重檐屋顶的下层檐（如重檐庑殿顶和重檐歇山顶的第二檐）的檐角屋脊也是戗脊，称重檐戗脊。对庑殿顶自正脊两端之房檐的屋脊，一说也称为戗脊，但另一说为垂脊。戗脊上安放戗兽，以戗兽为界分为兽前和兽后两段，兽前部分安放蹲兽，数量根据等级大小各有不同。

尖顶饰：山墙或是屋顶顶端的饰物。

脊饰：装饰用的尖顶饰，通常位于墩、三角墙顶端或侧面。

垂兽：又称角兽，是中国历史建筑上垂脊上的兽件，是兽头形状，位于蹲兽之后，内有铁钉，作用是防止垂脊上的瓦件下滑，加固屋脊相交位置的接合部。歇山顶、悬山顶、硬山顶上都有垂兽。

鸱吻：中国古代建筑屋脊正脊两端的一种饰物。

合角吻：重檐建筑的下檐榑（音 tuán）脊或屋顶转角处的装饰兽。

螭首：①传说中的怪兽，用于建筑屋顶的装饰，是套兽采用的主要形式。②古代彝器，碑额、庭柱、殿阶上及印章上的螭龙头像。

屋檐：屋顶的一部分，突出于外墙之外。

墀（chí）头：山墙的侧面（即建筑的正立面方向）在连檐与拔檐砖之间嵌放一块雕刻花纹或人物的戗脊砖，称为墀头。

三段式：台基、屋身、屋顶。

十三天：构成佛塔顶端相轮的层状结构。

三角尖顶:两弧间形成的突起,特别指石造的哥特式窗花。

城墙:土造防御工事,通常见于碉堡及要塞四周,多半附有石造女儿墙。

女儿墙:矮墙,通常用于防御。

山墙:斜屋顶的倾斜平面端构成的垂直三角部分。

篱笆墙:以竹或木条编墙,然后涂以草泥。

支架:凸出的建筑构件,用于支撑。

支提:佛龛或是其他圣地、圣物。

支提窟:一种佛教佛龛,从会议厅演变而来。

火焰纹:由两个反回文线条顶端相接所构成的形状。

半圆壁龛:半圆或穹窿状空间,特别指位于庙宇一端的部分。

门厅:房屋入门前的院落;通往建筑的门廊;大堂邻接的空间。

亭:构造简单的建筑,通常形似帐篷,位于园林中。

凉亭:位于观景点的开放式建筑,位于园林或是屋顶上。

水榭:是指供游人休息、观赏风景的临水园林建筑。中国园林中水榭的典型形式是在水边架起平台,平台一部分架在岸上,一部分伸入水中。平台跨水部分以梁、柱凌空架设于水面之上。平台临水围绕低平的栏杆,或设鹅颈靠椅供坐憩凭依。屋顶一般为造型优美的卷棚歇山式。建筑立面多为水平线条,以与水平面景色相协调。例如苏州拙政园的芙蓉榭。

轩:消暑的小屋,或是作为书房用的凉亭。

拱廊:一连串由柱子支撑的拱形结构,有时成对,上有遮盖,形成走道。

相轮:伞状穹顶或亭,有时作为佛塔顶端的塔刹。

问廊:半圆形或多边形的拱廊或走道。

祇:天意,自然的精灵。

风水:与自然的调和,进而有让建筑趋于调和的体系。

浮雕:有凹凸的雕刻,依凿除部分多寡分深刻与浅刻。

粉饰灰泥:灰泥的一种,专用于施加装饰处。

赤陶土:一种用于塑像的建筑或装饰用陶土。

副阶:殿阁等个体建筑周围环绕的廊子(形成重檐屋顶),称为副阶。

卷杀:对木构件曲线轮廓的一种加工方法。

伏脊木:被脊固定于脊桁上,截面为六角形,在伏脊木两侧朝下的斜面上开椽窝以插脑椽。伏脊木仅在明清才出现的(唐宋时期没有),且仅用于大式建筑中。《考工记》(战国):"匠人营国,方九里,旁三门,国中九经九纬,经涂九轨,左祖右社,面朝后市,市朝一夫。"一般解释为:都城九里见方,每边辟三门,纵横各九条道路,南北道路宽九条车轨,东面为祖庙,西面为社稷坛,前面是朝廷宫室,后面是市场和居民区。朝廷宫室市场占地一百亩(涂,道路。一夫,一百亩)(注意,这是《考工记》中记载的都城制度,左祖右社,人面朝南时,左东右西)。

经幢:①刻有佛的名字或经咒的石柱子,柱身多为六角形或圆形(现代汉语词典)。②在八角形的石柱上刻经文(陀罗尼经),用以宣扬佛法的纪念性建筑物。始见于唐,到宋辽时颇有发展,以后又少见。一般由基座、幢身、幢顶三部分组成(中建史)。

覆盆:柱础的露明部分加工成外凸的束线线脚,如盆覆盖。

垂带踏跺:高等级建筑的台阶做法,其正面轴线上称正阶踏跺,两旁称垂手踏跺,侧面称抄手踏跺。

角柱石:立在台基角部,其间砌陡板石与角柱齐平,上盖阶条石,下部为土衬石。

柱顶石:下衬磉墩,上附柱础,长为两倍的柱径,厚为柱径。

垂带石:在垂带踏跺两旁,其中线与明间檐柱中线重合,尺寸同阶条石,清代不砌象眼。

象眼石:清代用三角石砌成的垂带石侧面。

砚窝石:埋在台阶底下,用以抵抗台阶推力。

檐不过步:指从挑檐檩到檐端的距离小于一步架(22 斗口)。

圭角:清式须弥座的最下层部分,整个高度分 51 份,圭角高度为 10 份。

槅扇:用以隔断,带槅扇门的可做建筑的外门,槅扇由边梃和抹头组成,大致划分为花心(槅心)和裙版两部分,花心是透光通气的部分。

足材:斗拱或素方用料的断面尺寸为一材,高宽比为 3∶2。栔(音 qì)两层拱之间填充的木件断面尺寸。"一材一栔"为足材。其中材高 15 分,宽 10 分,栔高 6 分,宽 4 分。可见一足材为 21 分。材分八等。一等材 6 寸×9 寸,相当于四个八等材,如柱径大小为 2~3 材,即 42~45 分。

平水:是指未进行建筑施工之前,先决定一个高度标准,然后根据这个高度标准决定所有建筑物的标高。这样一个高度标准就是古建施工中的"平水"。平水不但决定整个建筑群的高度,也决定着台基的实际高度。

罩:用于室内,用硬木浮雕或透雕成图案,在室内起隔断作用和装饰作用。

楣子:苏式彩画中,撩檐枋下部的透构件。

花牙子:位于楣子下部,代替雀替的透空构件。

菩萨:佛的前身,有悲悯之心的灵体。

寺:佛教庙宇。

园:花园或庭院。

冢:古代埋葬用的土丘。

暗层:夹层,通常位于一楼与二楼之间。

殿:高大的厅堂,用于举行庆典或宗教仪式。

碑:直立石造标记,以墓碑最常见,呈柱状或板状,上有雕饰或题字。

椽:屋顶的木件,通常由屋檐边缘斜铺而下,支撑表层屋顶。

榭:凉亭或轩。

墩:长方形的基础,柱子或墙基部的支撑。

德:儒家的理想品行。

椁:石造外棺,通常装饰精美。

闾里:城镇中有围墙的住宅区。

里:长度单位,一里约 500 m。

材:依斗的宽度而定的测量单位。

参考文献

[1] 王其亨,吴葱,白成军.古建筑测绘[M].北京:中国建筑工业出版社,2006.

[2] 林源.古建筑测绘学[M].中国建筑出版社,1999.

[3] 重庆市第三次全国文物普查领导小组.重庆市第三次全国文物普查工作手册,1996.

[4] 潘谷西.中国建筑史[M].6版.北京:中国建筑工业出版社,2009.

[5] 梁思成.清式营造则例[M].北京:中国建筑工业出版社,1983.

[6] 刘大可.中国古建筑瓦石营法[M].北京:中国建筑工业出版社,1993.

[7] 冯立升.中国古代测量史学[M].呼和浩特:内蒙古大学出版社,1995.